KLEINE TEXTE FÜR VORLESUNGEN UND ÜBUNGEN

HERAUSGEGEBEN VON HANS LIETZMANN

141

LITURGISCHE TEXTE

X

EINFÜHRUNG IN DAS RÖMISCHE BREVIER

VON

HANS LIETZMANN

BONN
A. MARCUS UND E. WEBER'S VERLAG
1917

G.C.

Diese Einführung in das grundlegende Andachtsbuch der katholischen Kirche ist für Anfänger bestimmt, die noch keinerlei Kenntnis seiner komplizierten Handhabung besitzen. Und zwar ist zur Erhöhung der Anschaulichkeit der vollständige Text des *Officium divinum* für einen Tag zum Abdruck gebracht unter Auflösung sämtlicher gebräuchlichen Abkürzungen. Allein die Psalmen sind zur Raumersparnis von S. 15 an nicht mehr ausgedruckt, sondern nur mit den Anfangsworten zitiert. Damit der Benutzer den Text aber ohne weiteres als Schema für andere Fälle verwenden kann, sind auch diejenigen Partien mit abgedruckt, welche an dem als Beispiel gewählten Tage zufällig in Fortfall kommen: sie sind durch [ ] kenntlich gemacht. Einleitung, Anmerkungen und die Erörterungen am Ende sollen das Übrige tun, den Leser in das Brevier einzuführen: nur muss er sorgfältig mitarbeiten.

Die Einleitung S. 4—7 nimmt aus pädagogischen Gründen auf die durch Pius' X. Reform veränderte Bedeutung des Psalteriums für Festoffizien zunächst keine Rücksicht, sondern zeigt die „alte Form" des Gebets, der die Anlage des Brevierbuches ja entspricht. Erst wenn diese verstanden ist, kann der Anfänger die S. 44f. geschilderten Neuerungen würdigen, ohne verwirrt zu werden.

Zugrunde gelegt ist das seit 1915 vorgeschriebene Neue Brevier, wie es seit 1914 im Druck erschienen ist. Benutzt kann jede Ausgabe desselben werden; die Verweise nehmen Rücksicht auf zwei besonders empfehlenswerte Drucke:

R = das sog. Regensburger Brevier in 12° in 4 Bänden (Regensburg, F. Pustet: Brev. 5, in Leder geb. 47 M., ungeb. 30 M.) 1916. Es zeichnet sich aus durch die denkbar grössten Erleichterungen für den Benutzer und ist deshalb für Anfänger besonders bequem. Es enthält auch die *Lectiones contractae* (vgl. S. 19, 1). Wo nichts anderes angegeben, ist immer der 1. Band, die *pars hiemalis*, gemeint.

V = Vatikanische Ausgabe in einem Bande (Romae, Typis Polyglottis Vaticanis) ed. typica iterum impressa 1915 (ungeb. 12 M. geb. 16 M.). Da hier das *Proprium de tempore* und ebenso das *Proprium de sanctis* ununterbrochen geboten werden, so gibt diese Ausgabe die beste Übersicht über die Anlage des Ganzen. Auch sind *Ordinarium* und *Psalterium* mit allen Rubriken, nicht bloss denen je eines Vierteljahres versehen.

Wer eine ältere Brevierausgabe benutzen will, verschaffe sich dazu die dann unentbehrliche Sonderausgabe des *Psalterium cum Ordinario* (Regensburg, F. Pustet) ed. nona 1913 (geb. 1,20 M.) und die *Variationes in divino officio recit.* (ebenda, 0,80 M.): das ist ein im grossen und ganzen ausreichender Behelf.

Gute Hilfsmittel sind (Verlag von F. Pustet, Regensburg):

Fr. Brehm, Conspectus pro officio divino juxta novissimas mutationes rite persolvendo, ed. 5, 1914 (gibt vortreffliche, praktisch angelegte Schemata für alle möglichen Fälle) 0,80 M.

Fr. Brehm, Die Neuerungen im Brevier, 1914 (eingehende Erörterungen der Brevierreform Pius' X) 1,20 M.

M. Gatterer, Wie betet man das neue Brevier? (Innsbruck, F. Rauch, sehr knapp) 0,30 M.

Das klassische gelehrte Werk über das Brevier ist: P. Suitbert Bäumer, Geschichte des Breviers (Freiburg, Herder) 1895.

Herrn Prof. Dr. Heller in Fulda bin ich für eine mir sehr wertvolle Durchprüfung der Revisionsbogen zu besonderem Danke verpflichtet.

EINLEITUNG

Das Breviarium Romanum enthält die sämtlichen Texte, welche in der römischen Kirche zu den „kanonischen Stunden" gebetet, verlesen, psalmodiert und gesungen werden: diese Feier des *Officium divinum* in musikalisch-dramatischer Form findet freilich nur in den Klöstern und Stiftskirchen statt (Chorgebet). Aber leise beten muss die Texte täglich jeder Kleriker mit höheren Weihen (d. h. vom Subdiakon aufwärts), jeder Inhaber von Kirchenpfründen auch ohne höhere Weihen und die Mitglieder (Professen) religiöser Orden. Ursprünglich wurden die *horae canonicae* jede gesondert an der durch ihren Namen angedeuteten Tageszeit begangen: die Matutin mit ihren 3 Nokturnen zur Nachtzeit, die Laudes in der Morgenfrühe, die Prim, Terz, Sext, Non um 6, 9, mittags und 3 Uhr, die Vesper bei Sonnenuntergang, das Kompletorium beim Schlafengehen. Jetzt werden meist mehrere Horen zusammengefasst zu bequemerer Zeit absolviert. Matutin und Laudes können schon am Spätnachmittag oder Abend vorher gebetet werden, Prim, Terz, Sext und Non am Vormittag, Vesper und Completorium am Nachmittag oder Abend. Nach ihrem Umfange heissen Matutin, Laudes und Vesper grosse, die übrigen kleine Horen.

Zur vollen Darstellung kommt das Breviergebet nur, wenn es im Chor ausgeführt wird und so auch seine verschiedenen Bestandteile äusserlich zu der ursprünglich beabsichtigten Wirkung gelangen, während beim Gebet des einzelnen Priesters alle Teile gleichmässig leise gesprochen werden. Das *Officium divinum* setzt sich aus folgenden Bestandteilen zusammen: Gebete, die teils leise (wie das *Pater noster*, *Ave*, *Credo* am Beginn der Horen), teils laut gesprochen bzw. rezitiert werden. Psalmen werden „psalmodiert", d. h. mit einem eintönigen Rhythmus rezitiert, der am Ende jedes halben (bei ✱) und ganzen Verses in eine musikalische Kadenz ausläuft. Dabei teilt sich der Chor in zwei Hälften, welche im Psalmodieren Vers um Vers abwechseln. Die Psalmen werden eingeleitet und beschlossen durch Antiphonen, kurze biblische oder ähnliche Sprüche, welche gesungen werden. Responsorien sind gleichfalls kurze Gesänge, die aus zwei Teilen bestehen, dem *R(esponsum)* und dem *V(ersus)*: nach dem *V.* wird der durch ✱ abgegrenzte Teil des *R.* wiederholt; die Responsorien begegnen stets im Gefolge von Lektionen. Die meist das Ende eines liturgischen Abschnittes bezeichnenden kurzen Versikel (*V.*) mit ihren Responsen (*R.*) werden rezitiert. Die Hymnen, zu denen auch die sog. Marianischen Antiphonen (s. S. 26, 16) gehören, sind Gesangstücke. Die Lektionen, in manchen Horen auch *Capitulum* genannt, werden rezitativisch vorgetragen. Sie stammen aus der hl. Schrift, sowie aus Homilien der

Kirchenväter und Heiligenlegenden und haben besonders grossen Umfang in der Matutin.

Jede Hore setzt sich aus einer Verbindung dieser Bestandteile zusammen. Viele von ihnen sind ständig, d. h. sie kehren täglich oder wenigstens in längeren Zeiträumen (z. B. Advent, Fastenzeit) oder bei häufigen Gelegenheiten (allen Festen) in gleichem Wortlaut an derselben Stelle der Hore wieder: diese Texte bringt zugleich mit der Beschreibung des Verlaufs jeder einzelnen Hore (den sog. Rubriken) das *Ordinarium*
O (R 1. V 1) O. In unserem Beispiel sind die in O stehenden Texte durch die im ganzen Heft angewendete Mediaevalschrift bezeichnet; ein vorgesetztes ¶ kennzeichnet hierbei die Texte, welche nicht täglich sich gleichbleiben, sondern in der eben angegebenen Weise veränderlich sind.

Die Hauptmasse des Brevierbuches wird aber ausgefüllt durch diejenigen Texte, welche durch die Bedeutung des einzelnen Tages in ihrer Auswahl bestimmt werden und daher einem immerwährenden Wechsel unterliegen: diese Teile sind in unserem Druck durch romanische Schrift hervorgehoben, und durch Buchstaben am Rande ist näher der Abschnitt der Breviers gekennzeichnet worden, in dem sie zu finden sind. Es gibt zwei verschiedene Kalender des Kirchenjahres, *de tempore* und *de sanctis*. Der Kalender *de tempore* ist das Kirchenjahr im engeren Sinn, wie es, mit der Adventszeit beginnend, durch die drei grossen Festkreise Weihnachten, Ostern, Pfingsten gegliedert wird. Es ist ein nur in der Weihnachtszeit fest an den weltlichen Kalender gebundenes, sonst aber bewegliches Jahr, das uns hier entgegentritt: es gliedert sich nicht nach Monaten, sondern in Wochen. Die Sonntage (*dominicae*) sind festlich hervorgehoben, auch meist durch besondere Namen gekennzeichnet, erst in der festlosen Zeit nach Pfingsten werden sie in langer Reihe einfach numeriert. Die erste Hälfte des Breviers gibt nun die Texte für die *Officia de tempore*. Und zwar sind die Psalmen im II. Teil des Bre-
Ps viers, dem *Psalterium* Ps (R 37—327. V 36—176) zusammengestellt. Hier findet man, nach den Tagen der Woche geordnet, die Psalmen, welche in jeder einzelnen Hore des betreffenden Sonntags oder Wochentags (*feria*) zu beten sind samt ihren Antiphonen. Dann folgt Teil III,
PT das *Proprium de tempore* PT (R 329—651. V 177—872): darin stehen für jeden Sonntag, Wochentag und Festtag des „Kirchenjahres" die Lektionen (sie werden, soweit sie aus der Bibel stammen, als *scriptura occurrens* bezeichnet) und sonstigen dem betreffenden Tage eigentümlichen „Auswechselstücke". Nur die höchsten Feste: Weihnachten, Neujahr, Epiphanie, Gründonnerstag bis Ostersonntag, Himmelfahrt, Pfingsten, Trinitatis, Fronleichnam nebst Oktaven haben eigene Psalmen, die also aus dem Wochenschema herausfallen und nicht im Ps zu suchen sind. Ferner ist zu beachten, dass vom dritten Sonntag *post Pentecosten* an die Sonntagsoffizien an ihrer Stelle nur zwei Nokturnen bringen. Die

Lektionen des dritten Nokturnus nebst der *Oratio*, den Antiphonen zum Benedictus und Magnificat der Sonntage III—XXIV *post Pentecosten* findet man in einem Anhang dahinter beisammen (R Bd. III 494—519. Bd. IV 442—475. V 847—872). Vom ersten Sonntag im August an — der frühestens der XII. *post Pentecosten* sein kann — werden die Sonntage und Wochen im PT als erste, zweite usw. im August, September, Oktober, November bezeichnet: aber *Oratio*, Antiphonen und dritte Nokturnen dieser Sonntage muss man im Anhang unter der Nummer *post Pentecosten* suchen.

Die andere Hälfte des Breviers ist dem Kalender *de sanctis* d. h. vornehmlich der Marien- und Heiligenfeste geweiht: dieser ist nach den Monatstagen des bürgerlichen Jahres geordnet, die Wochentage spielen keine Rolle[1]. Den allgemeinen Aufbau der Horen bestimmt natürlich auch hier das O. Dazu tritt nun aber eine an das Ende des Breviers als Teil V gestellte Sammlung von Festschemata, das *Commune Sanctorum* CS (R [1]—[271]. V 1469—1666). Eine grosse Zahl von „Aus- CS
wechselstücken", Psalmen, Antiphonen, Responsorien, Lektionen, Orationen sind nämlich den gleichartigen Festen gemeinsam: so finden wir z. B. ein *Commune Apostolorum* (R [3]. V 1471), ein *Commune unius Martyris* (R [29]. V 1491) neben einem *Commune plurimorum Martyrum* (R [49]. V 1504), ein *Commune Virginum* (R [118]. V 1558) u. a. m. Auf das Ps nehmen diese Schemata nur insofern Rücksicht, als in allen Horen, an denen sie nicht eigene Psalmen bringen, die Psalmen des Sonntags vorgeschrieben sind. Der IV. Teil des Breviers, das *Proprium Sanctorum* PS (R 653—887. V 873—1468), bringt nun aber die in ihrer PS
Zahl je nach der Bedeutung des Festes variierenden Stücke, welche den einzelnen Festen eigentümlich sind und an der betreffenden Stelle statt des im *Commune* gebotenen allgemeinen Textes eingesetzt werden. Damit ist der kunstvolle Bau des Brevierbuches im wesentlichen abgeschlossen. Es folgen noch verschiedene Sonderoffizien und Anhänge.

Vorausgeschickt sind die allgemeinen Vorschriften, welche die Handhabung des Breviers regeln, nämlich die *Rubricae generales* (R 35*. V xxxvj), die *Additiones et Variationes in Rubricis Breviarii ad normam bullae „Divino afflatu"* (R 63*. V lxiij); ferner zwei *Tabellae* betreffend die Occurrenz und Konkurrenz der Feste (R 71*. V lxix) und die das Wichtigste kurz zusammenfassenden *Notanda in praecedentibus tabellis* (R 78*. V lxxv). Doch ist das Studium dieser Texte erst dem von Nutzen, der sich bereits einige Vertrautheit mit der Gesamtanlage des Breviergebets erworben hat. Wir wenden uns also zunächst dieser Aufgabe zu und werden dabei gelegentlich auf jene Vorschriften verweisen.

---

1) Ausnahmen siehe am Schluss des März, April, Mai.

Will ich beispielsweise wissen, was am Montag der ersten Adventswoche gebetet wird, so finde ich: die ständigen Texte im O, wobei die Besonderheiten zu beachten sind, welche *Tempore Adventus* notiert werden. Die Psalmen im Ps unter dem Montag (*Feria secunda* R 78. V 61), wobei gelegentlich ebenfalls besondere Vorschriften *in Adventu* sich finden. Alles übrige im PT *infra Hebdomadam I Adventus* und zwar *feria secunda* (R 336. V 181). Dort sind aber nur angegeben 3 Lektionen mit Responsorien (also zur Matutin gehörig, vgl. S. 11, 17) eine *Antiphona ad Benedictus* (zu den Laudes) und eine *Antiphona ad Magnificat* (zur Vesper); alles übrige steht entweder schon im O oder Ps als Besonderheit des Advent notiert, oder ist dem Offizium des vorangehenden Sonntags zu entnehmen: wie in der Vorbemerkung *in Officio feriali per Adventum* (R 336. V 181) im einzelnen angegeben ist.

Entsprechend ist das Verfahren, wenn ich z. B. den Breviertext für den 30. November, das Fest des Apostels Andreas ermitteln will. Ich schlage diesen Tag im PS auf (R 655. V 874) und finde dort die Vorbemerkung: *Omnia de Communi Apostolorum praeter ea, quae hic habentur propria.* Das *Commune Apostolorum*, das Schema der Apostelfeste, steht gleich zu Beginn des CS (R [3]. V 1471). Wie alle Heiligenfeste, hat auch der 30. November eine „erste Vesper", d. h. bereits die Vesper des vorangehenden Tages, des 29. November, ist der Ehrung des hl. Andreas geweiht. Die Psalmen dieser Vesper sind dem CS zu entnehmen (also Ps. 109—116), dagegen nicht die Antiphonen (also nicht *Hoc est praeceptum*); denn das PS gibt eigene Antiphonen für den Andreastag (nämlich die der Laudes V 877 *Salve crux*), welche den Psalmen anzuschliessen sind. Ebenso hat die Andreasvesper ein eigenes „Capitulum" (ebenfalls gleich dem der Laudes V 878, Rom. 10, 10—11) statt des im CS verzeichneten (Ephes. 2, 19—20). Hymnus (*Exultet orbis*) und Versikel (*In omnem terram*) entsprechen dem CS, die *Antiphona ad Magnificat* (*Unus ex duobus*) ist dem PS zu entnehmen, an Stelle der im CS stehenden Antiphone (*Tradent enim*), die Oratio steht, wie bei allen Apostelfesten, im PS (*Majestatem tuam*). Die Schlussbemerkung im CS (R [5]. V 1473), *Completorium de Dominica* besagt, dass in allen solchen, ein Apostelfest einleitenden Vespern das nachfolgende Completorium ohne Rücksicht auf den Wochentag Psalmen und sonstige Texte dem Sonntagsformular des Ps (R 74. V 59) entnimmt. Die unwandelbaren Texte stehen natürlich hier, wie stets, im O: doch sind dabei die Eigenheiten zu beachten, welche *in festis* statt haben. Nach diesem Muster wird das Breviergebet des Andreastages für alle Horen festgestellt.

Es ist also nicht schwer, sowohl für einen Tag des Kirchenjahres wie auch für ein Heiligenfest den Breviertext zu ermitteln. Die eigentliche Schwierigkeit entsteht dadurch, dass die meisten Tage im Jahre gleichzeitig zu beiden Klassen gehören, der Breviertext also, da er doch nicht doppelt gebetet werden kann, auf die beiden Eigenschaften des jeweiligen Tages Rücksicht nehmen muss. Zu diesem Zweck sind die hervorragenden Tage des Kirchenjahres und die Heiligenfeste in Rangklassen geteilt, die bei jedem Tag im Breviertext vermerkt und vorher (R 71* ff. V lxx) in einer Liste zusammengefasst sind. Auch aus dem Kalendarium (R 24* ff. V xxv) ist für die Feste das nötige ersichtlich. Wie man sich beim Zusammentreffen zweier Eigenschaften eines Tages zu verhalten hat, zeigt im Prinzip kurz die Occurrenztabelle (R 76*. V lxxiij). Gesetzt, es fällt das Fest der Conceptio Immaculata B. Mariae Virginis am 8. Dezember auf den 2. Adventsonntag (das trifft 1918 ein): das Conceptionsfest ist *duplex I classis* (R 680. V 888), der 2. Adventsonntag (R 344. V 186) eine *dominica II classis*. Die Occurrenztabelle zeigt für dieses Zusammentreffen die Ziffer 3, und unter 3 steht in dem Felde links unten die Regel: *officium de 1* (d. h. der darüber stehenden Reihe, also *de duplici I classis*), *commemoratio de 2* (d. h. von der rechts stehenden quergedruckten Reihe, also *de dominica II classis*). Das bedeutet: am 8. Dezember 1918 ist zu beten das ganze Officium des Conceptionsfestes, der zweite Adventsonntag wird nur „commemoriert" (vgl. S. 24, 33). Die auf der nächsten Seite stehende „Concurrenztabelle" (R 77*. V lxxiv) regelt das Zusammentreffen für die Vespern, deren ja viele Feste und die Sonntage zwei haben, von denen die erste stets mit der Vesper des vorigen Tages zusammenfällt. Die genaueren Einzelheiten freilich sind vielfach kompliziert: sie sind aus den *Rubr. Gen.* und den *Additiones et Variationes* Tit. II—VI (R 64*. V lxiv) zu ersehen.

In der Praxis bedient sich der Brevierbeter des alljährlich erscheinenden Direktoriums seiner Diözese, welches Tag für Tag ihm die nötigen Anweisungen gibt. Wer das Brevier benutzen lernen will, verschaffe sich für ein beliebiges Jahr (am besten seit 1915) das Direktorium[1] und übe sich, nach dessen Vorschriften die Texte zusammenzustellen, sodann die Gründe des Verfahrens sich klar zu machen. Ein Muster dafür soll der im folgenden abgedruckte Text geben.

Der Breviertext des 18. Januar 1913

nach dem Direktorium der Diözese Fulda (Verlag der Aktien-Druckerei Fulda). Die Angabe des Direktoriums lautet:

18.	Sb. Cathedra s. Petri Rom., *dpm.* Off. pp. Ll. 1. N. *Inc. 1. Petri.* 9. l. de sp.; c. s. Pauli et sp. in L. (Ps. ex Dm.) et Ms. Cr. Pf. Ap. In 1. **Vp.** Dm. (Ant. et Ps. de Sb.) c. pc., s. Pauli et ss. Marii etc. Mm. tt. Completor. ex Sb. sine P.	A

1) Am besten das alljährlich bei Pustet (Rom und Regensburg) erscheinende „allgemeine": *Ordo divini officii recitandi Missaeque celebrandae juxta Kalendarium Ecclesiae Universalis*, ohne Diözesaneigenheiten (vgl. unten S. 48). Preis 0,80 M.

Das bedeutet, wie die Vorbemerkungen S. III ff. zeigen:

Sabbatum. Cathedra sancti Petri Romana, *duplex majus.* Officium proprium. Lectiones primi Nocturni: *Incipit 1. Petri.* Nona lectio de festo simplici; commemoratio sancti Pauli et festi simplicis in Laudibus (Psalmi ex Dominica) [et Missa. Credo recitandum est. Praefatio de Apostolis]. In primis **Vesperis** Dominicae (Antiphonae et Psalmi de Sabbato) commemoratio praecedentis, sancti Pauli et sanctorum Marii etc. Martyrum tantum. Completorium ex Sabbato sine Precibus.

Das A am rechten Rande bedeutet, dass die liturgische Farbe des Tages, die an den liturgischen Gewändern in die Erscheinung tritt, *albus*, weiss ist. Die in [. .] stehenden Worte beziehen sich auf die Messe.

Von dieser Anweisung, deren Bedeutung im einzelnen von Fall zu Fall erläutert werden soll, geleitet, wollen wir nun den Breviertext des 18. Januar 1913 (dieser Tag ist in den Anmerkungen stets unter 'heute' verstanden) zusammenstellen. Der 18. Januar ist das Fest der Stuhlbesteigung s. Petri in Rom, ein *duplex majus* und Apostelfest, welches ein *Officium proprium* hat: dieses ist als Heiligenfest im PS zu finden (R 738. V 920). Dort trägt der Tag die Vorbemerkung: *Omnia ut in Communi Confessoris Pontificis praeter ea, quae hic habentur propria.* Es ist also das Festschema aus dem CS hinzuzunehmen (R [69]. V 1525). Das Fest beginnt mit einer ersten Vesper, d. h. bereits die Vesper des Freitags, des 17. Januar, ist dem Gedächtnis der Cathedra Petri gewidmet. Da wir aber bei der für uns lehrreicheren zweiten Vesper (S. 37) die Zusammensetzung dieser Hore kennen lernen werden, mag sie hier unberücksichtigt bleiben. Wir beginnen also mit der Matutin und schlagen zunächst, wie bei jeder Hore, das O auf.

In dieser Schrift sind im folgenden Beispiel die Texte gedruckt, welche dem Ordinarium entstammen und ständig wiederkehren.

¶ bezeichnet die aus dem Ordinarium stammenden Texte, welche in bestimmten Zeiten des Kirchenjahres durch andere ersetzt werden.

[ ] kennzeichnet diejenigen Bestandteile des Ordinariums, die heute (d. h. an dem als Beipiel gewählten 18. Januar 1913) ausfallen.

† bedeutet, dass der Beter das Zeichen des hl. Kreuzes macht.

Allgemein ist zu bemerken, dass alle Beter, die nicht die Diakonatsweihe haben, statt *V. Dominus vobiscum. R. Et cum spiritu tuo* zu sagen haben: *V. Domine exaudi orationem meam. R. Et clamor meus ad te veniat.*

In dieser Schrift sind die täglich wechselnden Texte gedruckt, die aus dem Psalterium (Ps), Proprium de tempore (PT), Proprium sanctorum (PS) und Commune sanctorum (CS) stammen: die Herkunft ist im einzelnen jeweils am Rande angegeben.

Ad Matutinum

Aperi, Domine, os † meum ad benedicendum nomen sanctum tuum: munda quoque cor meum ab omnibus vanis, perversis, et alienis cogitationibus: intellectum illumina, affectum inflamma, ut digne, attente, ac devote hoc Officium recitare valeam, et exaudiri merear ante conspectum divinae Majestatis tuae. Per Christum Dominum nostrum. *R*. Amen.

Domine, in unione illius divinae intentionis, qua ipse in terris laudes Deo persolvisti, has tibi Horas persolvo.

Introductio

Pater noster, qui es in caelis, sanctificetur nomen tuum. Adveniat regnum tuum. Fiat voluntas tua, sicut in caelo et in terra. Panem nostrum quotidianum da nobis hodie. Et dimitte nobis debita nostra, sicut et nos dimittimus debitoribus nostris. Et ne nos inducas in tentationem: sed libera nos a malo. Amen.

Ave Maria, gratia plena, Dominus tecum: benedicta tu in mulieribus, et benedictus fructus ventris tui Jesus. Sancta Maria, Mater Dei, ora pro nobis peccatoribus nunc et in hora mortis nostrae. Amen.

Credo in Deum, Patrem omnipotentem, Creatorem caeli et terrae. Et in Jesum Christum, Filium ejus unicum, Dominum nostrum: qui conceptus est de Spiritu sancto, natus ex Maria Virgine, passus sub Pontio Pilato, crucifixus, mortuus et sepultus: descendit ad inferos: tertia die resurrexit a mortuis: ascendit ad caelos, sedet ad dexteram Dei Patris omnipotentis: inde venturus est judicare vivos et mortuos. Credo in Spiritum Sanctum, sanctam Ecclesiam catholicam, Sanctorum communionem, remissionem peccatorum, carnis resurrectionem, vitam aeternam. Amen.

V. Domine, labia † mea aperies, *R*. Et os meum annuntiabit laudem tuam.

---

2 Die Gebete *Aperi* und *Domine, in unione* (8) werden zu Beginn des Officiums (*laudabiliter*) gebetet, *Domine, in unione* wird nach Unterbrechung des Gebetes bei Beginn einer neuen Gruppe von Horen wiederholt. 31 *Domine labia* ist der Matutin eigentümlich.

V. Deus, † in adjutorium meum intende. *R.* Domine, ad adjuvandum me festina.

Gloria Patri, et Filio, et Spiritui sancto: Sicut erat in principio, et nunc, et semper, et in saecula saeculorum. Amen. ¶ Alleluja.

Invitatorium: **Tu es Pastor ovium, Princeps Apostolorum: ✱ Tibi tradidit Deus claves regni caelorum.**

Repetitur: **Tu es Pastor ovium, Princeps Apostolorum: Tibi tradidit Deus claves regni caelorum.**

Psalmus 94

Venite, exsultemus Domino, jubilemus Deo salutari nostro: praeoccupemus faciem ejus in confessione, et in psalmis jubilemus ei.

Tu es Pastor ovium, Princeps Apostolorum: Tibi tradidit Deus claves regni caelorum.

Quoniam Deus magnus Dominus, et Rex magnus super omnes deos: quoniam non repellet Dominus plebem suam, quia in manu ejus sunt omnes fines terrae, et altitudines montium ipse conspicit.

Tibi tradidit Deus claves regni caelorum.

Quoniam ipsius est mare, et ipse fecit illud, et aridam fundaverunt manus ejus: § venite, adoremus, et procidamus ante Deum: ploremus coram Domino, qui fecit nos; quia ipse est Dominus Deus noster: nos autem populus ejus, et oves pascuae ejus.

Tu es Pastor ovium, Princeps Apostolorum: Tibi tradidit Deus claves regni caelorum.

Hodie si vocem ejus audieritis, nolite obdurare corda vestra, sicut in exacerbatione secundum diem tentationis in deserto: ubi tentaverunt me patres vestri, probaverunt et viderunt opera mea.

Tibi tradidit Deus claves regni caelorum.

Quadraginta annis proximus fui generationi huic, et dixi: Semper hi errant corde: ipsi vero non cognoverunt vias meas, quibus juravi in ira mea: Si introibunt in requiem meam.

Tu es Pastor ovium, Princeps Apostolorum: Tibi tradidit Deus claves regni caelorum.

---

5 Statt *Alleluja* wird *Laus tibi, Domine, Rex aeternae gloriae* gesprochen von der Complet des Sonnabends vor Septuagesimae (vgl. S. 41, 4) bis zur Complet des Mittwochs der Karwoche. 7 Der Stern ✱ gibt an, wo die Z. 20 und 32 allein zu wiederholende zweite Hälfte beginnt. 10 Im Chor wird Ps. 94 von den Vorsängern ganz gesungen. 22 Bei § Kniebeugung.

Gloria Patri, et Filio, et Spiritui Sancto: Sicut erat in principio, et nunc, et semper, et in saecula saeculorum. Amen.

Tibi tradidit Deus claves regni caelorum.

Tu es Pastor ovium, Princeps Apostolorum: Tibi tradidit Deus claves regni caelorum.

Hymnus

Quodcumque in orbe nexibus revinxeris, PS
Erit revinctum, Petre, in arce siderum:
Et quod resolvit hic potestas tradita,
Erit solutum caeli in alto vertice:
In fine mundi judicabis saeculum.
Patri perenne sit per aevum gloria,
Tibique laudes concinamus inclytas,
Aeterne Nate; sit, superne Spiritus,
Honor tibi, decusque, sancta jugiter
Laudetur omne Trinitas per saeculum. Amen.

I Nocturnus

Antiphona: Beatus vir, ✱ qui in lege Domini meditatur: voluntas ejus permanet die ac nocte, et omnia quaecumque faciet, semper prosperabuntur. CS

Psalmus 1

Beatus vir, qui non abiit in consilio impiorum, et in via peccatorum non stetit, ✱ et in cathedra pestilentiae non sedit;

Sed in lege Domini voluntas ejus, ✱ et in lege ejus meditabitur die ac nocte.

Et erit tamquam lignum, quod plantatum est secus decursus aquarum, ✱ quod fructum suum dabit in tempore suo.

Et folium ejus non defluet; ✱ et omnia, quaecumque faciet, prosperabuntur.

Non sic impii, non sic: ✱ sed tamquam pulvis, quem projicit ventus a facie terrae.

---

6 Die Matutinhymnen wechseln je nach Fest und Zeit mannigfaltig: auch im C steht eine Anzahl. Der Hymnus *Quodcumque* entstammt einem Gedicht des Paulinus v. Aquileja († 802), das beginnt: *Felix per* Dreves, Anal. hymn. 50, 141. 17 Die Matutin hat 3 *Nocturni* (d. h. Nachtwachen) an allen Sonntagen und *festis duplicibus* und *semiduplicibus*, 1 Nokturn mit 3 Psalmen in der Oster- und Pfingstwoche. Das Officium des *simplex* und des Wochentages ohne Festcharakter (*de feria*) hat einen Nokturn, bestehend aus 9 Psalmen mit ihren Antiphonen und 3 Lektionen mit ihren Responsorien (cf. Rubr. Gen. XIII 2. 7. Add. et Var. Tit. I 8). Ausser an höheren Festen (wie heute vgl. S. 44f.) werden seit der Brevierreform Pius' X. Psalmen und Antiphonen dem Ps des Wochentags entnommen. 18 Bei einem *festum duplex* (wie heute vgl. S. 44f.) werden die Antiphonen in Matutin, Laudes und Vesper vor und nach den zugehörigen Psalmen g a n z gebetet (*duplicantur*, daher die Bezeichnung *duplex*). In allen anderen Horen dieser Feste und an allen Festen, die nicht duplicia sind, wird die Ant. vor dem Psalm nur „angefangen", d. h. bis zu dem ✱ gesprochen resp. gesungen und erst nach dem Psalm ganz gebracht (Rubr. Gen. XXI 7), vgl. z. B. S. 25, 5 und 10.

Ideo non resurgent impii in judicio, ✱ neque peccatores in concilio justorum,

Quoniam novit Dominus viam justorum, ✱ et iter impiorum peribit.

Gloria Patri, et Filio, et Spiritui Sancto: Sicut erat in principio, et nunc, et semper, et in saecula saeculorum. Amen.

Ant. Beatus vir, qui in lege Domini meditatur, voluntas ejus permanet die ac nocte, et omnia quaecumque faciet, semper prosperabuntur.

Ant. Beatus iste Sanctus, ✱ qui confisus est in Domino, praedicavit praeceptum Domini; constitutus est in monte sancto ejus.

Psalmus 2

Quare fremuerunt gentes, ✱ et populi meditati sunt inania?

Astiterunt reges terrae, et principes convenerunt in unum ✱ adversus Dominum, et adversus Christum ejus:

Dirumpamus vincula eorum, ✱ et projiciamus a nobis jugum ipsorum.

Qui habitat in caelis, irridebit eos, ✱ et Dominus subsannabit eos.

Tunc loquetur ad eos in ira sua, ✱ et in furore suo conturbabit eos.

Ego autem constitutus sum Rex ab eo super Sion montem sanctum ejus, ✱ praedicans praeceptum ejus.

Dominus dixit ad me: ✱ Filius meus es tu, ego hodie genui te.

Postula a me, et dabo tibi gentes hereditatem tuam, ✱ et possessionem tuam terminos terrae.

Reges eos in virga ferrea, ✱ et tamquam vas figuli con fringes eos.

Et nunc, reges, intelligite; ✱ erudimini, qui judicatis terram.

Servite Domino in timore, ✱ et exsultate ei cum tremore.

Apprehendite disciplinam, ne quando irascatur Dominus, ✱ et pereatis de via justa.

Cum exarserit in brevi ira ejus, ✱ beati omnes, qui confidunt in eo.

Gloria Patri, et Filio, et Spiritui Sancto: Sicut erat in principio, et nunc, et semper, et in saecula saeculorum. Amen.

Ant. Beatus iste Sanctus, qui confisus est in Domino, praedicavit praeceptum Domini; constitutus est in monte sancto ejus.

Ant. Tu es gloria mea, ✱ tu es susceptor meus, Domine; tu exaltans caput meum, et exaudisti me de monte sancto tuo.

Psalmus 3

Domine, quid multiplicati sunt, qui tribulant me? ✱ multi insurgunt adversum me.

---

5 Diese Doxologie wird in allen Horen am Ende jedes Psalms gesprochen.

Multi dicunt animae meae: ✱ Non est salus ipsi in Deo ejus.

Tu autem, Domine, susceptor meus es, ✱ gloria mea, et exaltans caput meum.

Voce mea ad Dominum clamavi: ✱ et exaudivit me de monte sancto suo.

Ego dormivi, et soporatus sum: ✱ et exsurrexi, quia Dominus suscepit me.

Non timebo millia populi circumdantis me: ✱ exsurge, Domine, salvum me fac, Deus meus.

Quoniam tu percussisti omnes adversantes mihi sine causa: ✱ dentes peccatorum contrivisti.

Domini est salus: ✱ et super populum tuum benedictio tua.

Gloria Patri, et Filio, et Spiritui Sancto: Sicut erat in principio, et nunc, et semper, et in saecula saeculorum. Amen.

Ant. Tu es gloria mea, tu es susceptor meus, Domine; tu exaltans caput meum, et exaudisti me de monte sancto tuo.

Vers. Amavit eum Dominus, et ornavit eum. *R.* Stolam gloriae induit eum. CE

Pater noster . . . nostris.

V. Et ne nos inducas in tentationem. *R.* Sed libera nos a malo.

Absolutio: Exaudi, Domine Jesu Christe, preces servorum tuorum, et miserere nobis: qui cum Patre et Spiritu sancto vivis et regnas in saecula saeculorum. *R.* Amen.

V. Jube, domne, benedicere.

Benedictio I: Benedictione perpetua benedicat nos Pater aeternus. *R.* Amen.

Lectio I

Incipit Epistola prima beati Petri Apostoli pe

Petrus, Apostolus Jesu Christi, electis advenis dispersionis Ponti, Galatiae, Cappadociae, Asiae et Bithyniae secundum praescientiam Dei Patris, in sanctificationem Spiritus, in obedientiam et aspersionem sanguinis Jesu Christi: Gratia vobis, et pax multiplicetur. Benedictus Deus et Pater Domini nostri Jesu Christi qui secundum misericordiam suam magnam regeneravit nos in spem vivam, per resurrectionem Jesu Christi ex mortuis, in here-

---

18 Beim *Officium simplex*, welches 9 statt 3 Psalmen in seinem einzigen Nokturnus hat, steht der Versikel nur hinter dem 9. Psalm: vgl. S. 11, 17. 21 Kein Amen! 23 Welche von diesen 9 Absolutions- und Benediktionsformeln bei den 3 Lektionen des *Officium simplex vel feriale* angewandt werden, gibt das Ⓓ an. 26 Im Chor erbittet der Vorleser von seinem Vorgesetzten (*domnus*) den Segen. Der Einzelbeter erbittet ihn von Gott und sagt *Domine.* 29 I Petri 1, 1—5. Bei einem *Officium novem lectionum* sind die Lektionen des I Nokturn Schriftabschnitte. Ausser bei höheren Festen (wie heute; vgl. S. 44 f.) wird die *scriptura occurrens* des Wochentages verlesen.

ditatem incorruptibilem, et incontaminatam, et immarcescibilem, conservatam in caelis in vobis, qui in virtute Dei custodimini per fidem in salutem, paratam revelari in tempore novissimo.

V. Tu autem, Domine, miserere nobis. *R.* Deo gratias.

Responsorium: Simon Petre, antequam de navi vocarem te, novi te, et super plebem meam principem te constitui, ✱ Et claves regni caelorum tradidi tibi.

Vers. Quodcumque ligaveris super terram, erit ligatum et in caelis: et quodcumque solveris super terram, erit solutum et in caelis. Et claves regni caelorum tradidi tibi.

V. Iube, domne, benedicere.

Benedictio II: Unigenitus Dei Filius nos benedicere et adjuvare dignetur. *R.* Amen.

Lectio II

In quo exsultabitis, modicum nunc, si oportet, contristari in variis tentationibus, ut probatio vestrae fidei multo pretiosior auro (quod per ignem probatur) inveniatur in laudem, et gloriam, et honorem, in revelatione Jesu Christi, quem cum non videritis, diligitis: in quem nunc quoque non videntes creditis; credentes autem exsultabitis laetitia inenarrabili et glorificata: reportantes finem fidei vestrae, salutem animarum.

V. Tu autem, Domine, miserere nobis. *R.* Deo gratias.

Responsorium: Si diligis me, Simon Petre, pasce oves meas. Domine, tu nosti quia amo te, ✱ Et animam meam pono pro te.

Vers. Si oportuerit me mori tecum, non te negabo. Et animam meam pono pro te.

V. Jube, domne, benedicere.

Benedictio III: Spiritus Sancti gratia illuminet sensus et corda nostra. *R.* Amen.

Lectio III

De qua salute exquisierunt atque scrutati sunt Prophetae, qui de futura in vobis gratia prophetaverunt: scrutantes in quod, vel quale tempus significaret in eis Spiritus Christi: praenuntians eas, quae in Christo sunt, passiones et posteriores glorias; quibus revelatum est, quia non sibimetipsis, vobis autem ministrabant ea, quae nunc nuntiata sunt vobis per eos, qui evangelizaverunt vobis, Spiritu Sancto misso de caelo, in quem desiderant Angeli prospicere.

V. Tu autem, Domine, miserere nobis. *R.* Deo gratias.

Responsorium: *R.* Tu es Petrus, et super hanc petram aedificabo Ecclesiam meam, et portae inferi non praevalebunt adversus eam: ✱ Et tibi dabo claves regni caelorum.

---

4 Das *Tu autem* etc. schliesst jede Lectio, vgl. Rubr. Gen. XXVI 11. 6 Der ✱ trennt den Teil ab, der nach dem Versus wiederholt wird, siehe Z. 10. 14 I Petri 1, 6—9. 31 I Petri 1, 10—12.

Vers. Quodcumque ligaveris super terram, erit ligatum et in caelis; et quodcumque solveris super terram, erit solutum et in caelis. Et tibi dabo claves regni caelorum.

Gloria Patri, et Filio, et Spiritui Sancto.

Et tibi dabo claves regni caelorum.

II Nocturnus

Ant. Invocantem ✱ exaudivit Dominus Sanctum suum; Dominus exaudivit eum, et constituit eum in pace. CS

Psalmus 4: Cum invocarem &c. Gloria &c. *Ant. repetitur.*

Ant. Laetentur omnes, ✱ qui sperant in te, Domine: quoniam tu benedixisti justo; scuto bonae voluntatis tuae coronasti eum.

Psalmus 5: Verba mea &c. Gloria &c. *Ant. repetitur.*

Ant. Domine Dominus noster, ✱ quam admirabile est nomen tuum in universa terra! quia gloria et honore coronasti Sanctum tuum, et constituisti eum super opera manuum tuarum.

Psalmus 8: Domine Dominus &c. Gloria &c. *Ant. repetitur.*

Vers. Elegit eum Dominus sacerdotem sibi. *R.* Ad sacrificandum ei hostiam laudis.

Pater noster . . . nostris.

V. Et ne nos inducas in tentationem. *R.* Sed libera nos a malo.

Absolutio: Ipsius pietas et misericordia nos adjuvet, qui cum Patre et Spiritu Sancto vivit et regnat in saecula saeculorum. *R.* Amen.

V. Jube, domne, benedicere.

Benedictio IV: Deus Pater omnipotens sit nobis propitius et clemens. *R.* Amen.

Lectio IV

Sermo sancti Leonis Papae pS

Cum duodecim Apostoli, accepta per Spiritum Sanctum omnium locutione linguarum, imbuendum Evangelio mundum, distributis sibi terrarum partibus, suscepissent, beatissimus Petrus. Princeps Apostolici ordinis, ad arcem Romani destinatur imperii, ut lux veritatis, quae in omnium gentium revelabatur salutem, efficacius se ab ipso capite per totum mundi corpus effunderet,

---

4 Dies *Gloria* (ohne *sicut erat in principio!*) wird jeweils dem letzten Responsorium jedes Nokturnus eingefügt und danach der zweite Teil des Resp. wiederholt. 29 S. Leo M. sermo 82 § 3 p. 322 ed. Ballerini. Die Lektionen 4—6 des zweiten Nokturn sind entweder aus Sermonen der Kirchenväter (so meist bei biblischen Festen) oder aus Märtyrerakten und Heiligenlegenden (bei Heiligenfesten) entlehnt.

Cujus autem nationis homines in hac tunc urbe non essent? aut quae usquam gentes ignorarent, quod Roma didicisset?

V. Tu autem, Domine, miserere nobis. *R.* Deo gratias.

Resp. Tu es Pastor ovium, princeps Apostolorum: tibi tradidit Deus omnia regna mundi: ✱ Et ideo tibi traditae sunt claves regni caelorum.

Vers. Quodcumque ligaveris super terram, erit ligatum et in caelis: et quodcumque solveris super terram, erit solutum et in caelis. Et ideo tibi traditae sunt claves regni caelorum.

V. Jube, domne, benedicere.

Benedictio V: Christus perpetuae det nobis gaudia vitae. *R.* Amen.

Lectio V

Hic conculcandae philosophiae opiniones, hic dissolvendae erant terrenae sapientiae vanitates, hic confutandi daemonum cultus, hic omnium sacrilegiorum impietas destruenda, ubi diligentissima superstitione habebatur collectum, quidquid usquam fuerat vanis erroribus institutum. Ad hanc ergo Urbem tu, beatissime Petre Apostole, venire non metuis: et consorte gloriae tuae Paulo Apostolo, aliarum adhuc ecclesiarum ordinationibus occupato, silvam istam frementium bestiarum, et turbulentissimae profunditatis oceanum, constantior quam cum supra mare gradereris, ingrederis.

V. Tu autem, Domine, miserere nobis. *R.* Deo gratias.

Resp. Ego pro te rogavi, Petre, ut non deficiat fides tua: ✱ Et tu aliquando conversus confirma fratres tuos.

Vers. Caro et sanguis non revelavit tibi, sed Pater meus, qui est in caelis. Et tu aliquando conversus confirma fratres tuos.

V. Jube, domne, benedicere.

Benedictio VI: Ignem sui amoris accendat Deus in cordibus nostris. *R.* Amen.

Lectio VI

Jam populos, qui ex circumcisione crediderant, erudieras: jam Antiochenam ecclesiam, ubi primum christiani nominis dignitas est orta, fundaveras: jam Pontum, Galatiam, Cappadociam, Asiam atque Bithyniam legibus evangelicae praedicationis impleveras: nec aut dubius de provectu operis, aut de spatio tuae ignarus aetatis, trophaeum crucis Christi Romanis arcibus inferebas, quo te divinis praeordinationibus anteibant et honor potestatis, et gloria passionis.

V. Tu autem, Domine, miserere nobis. *R.* Deo gratias.

Resp. Petre amas me? Tu scis, Domine, quia amo te. ✱ Pasce oves meas.

Vers. Simon Joannis, diligis me plus his? Tu scis, Domine, quia amo te. Pasce oves meas.

---

13 S. Leo M. sermo 82 § 3—4. 32 ibid. § 5.

Gloria Patri, et Filio, et Spiritui sancto.
Pasce oves meas.

III Nocturnus

Ant. Domine, ✱ iste Sanctus habitabit in tabernaculo tuo, operatus est justitiam, requiescet in monte sancto tuo. CS

Psalmus 14: Domine, quis &c. Gloria &c. *Ant. repetitur.*

Ant. Vitam petiit ✱ a te, et tribuisti ei, Domine: gloriam et magnum decorem imposuisti super eum: posuisti in capite ejus coronam de lapide pretioso.

Psalmus 20: Domine, in virtute &c. Gloria &c. *Ant. repetitur.*

Ant. Hic accipiet ✱ benedictionem a Domino, et misericordiam a Deo salutari suo: quia haec est generatio quaerentium Dominum.

Psalmus 23: Domini est terra &c. Gloria &c. *Ant. repetitur.*

Vers. Tu es sacerdos in aeternum. *R.* Secundum ordinem Melchisedech.

Pater noster . . . nostris.

V. Et ne nos inducas in tentationem. *R.* Sed libera nos a malo.

Absolutio: A vinculis peccatorum nostrorum absolvat nos omnipotens et misericors Dominus. *R.* Amen.

V. Jube, domne, benedicere.

Benedictio VII: Evangelica lectio sit nobis salus et protectio. *R.* Amen.

Lectio VII

Lectio sancti Evangelii secundum Matthaeum PS

In illo tempore: Venit Jesus in partes Caesareae Philippi, et interrogabat discipulos suos, dicens: Quem dicunt homines esse Filium hominis? Et reliqua.

Homilia sancti Hilarii Episcopi

Dominus a discipulis requirit, quem se homines esse dicerent, et adjecit, hominis Filium. Haec enim confessionis tenenda ratio est, ut sicut Dei Filium, ita et Filium hominis meminerimus: quia alterum sine altero nihil spei tribuit ad salutem. Editis itaque, quae diversae de eo erant, hominum opinionibus, quid de se ipsi sentiant quaerit. Petrus respondit: Tu es Christus, Filius Dei vivi. Sed Petrus conditiones propositionis expenderat. Do-

25 Matth. 16, 13—19. S. Hilarii comm. in Matth. cap. 16 § 5—6 p. 749 ed. Bened. Die VII Lektion bringt den Anfang des Tagesevangeliums, aber auch nur die Anfangsworte mit *et reliqua*; dann folgt eine Homilie über dies Evangelium, die sich gewöhnlich in der VIII und IX Lektion fortsetzt.

minus enim dixerat: Quem me homines esse dicunt, Filium hominis? Et certe Filium hominis contemplatio corporis praeferebat. Sed addendo: Quem me esse dicunt; significavit, praeter id, quod in se videbatur, esse aliud sentiendum: erat enim hominis Filius. Quod igitur de se opinandi judicium desiderabat? Non illud arbitramur, qnod de se ipse confessus est: sed occultum erat, de quo quaerebatur, in quod se credentium fides debebat extendere.

V. Tu autem, Domine, miserere nobis. *R.* Deo gratias.

Resp. Quem dicunt homines esse Filium hominis? dixit Jesus discipulis suis. Respondens Petrus, dixit: Tu es Christus, Filius Dei vivi. * Et ego dico tibi, quia tu es Petrus, et super hanc petram aedificabo Ecclesiam meam.

Vers. Beatus es Simon Bar-Jona, quia caro et sanguis non revelavit tibi, sed Pater meus, qui est in caelis. Et ego dico tibi, quia tu es Petrus, et super hanc petram aedificabo Ecclesiam meam.

V. Jube, domne, benedicere.

Benedictio VIII: ¶ Cuius festum colimus, ipse intercedat pro nobis ad Dominum. *R.* Amen.

Lectio VIII

Et dignum plane confessio Petri praemium consecuta est; quia Dei Filium in homine vidisset. Beatus hic est, qui ultra humanum oculos intendisse et vidisse laudatus est: non id, quod ex carne et sanguine erat, contuens, sed Dei Filium caelestis Patris revelatione conspiciens: dignusque judicatus, qui quod in Christo Dei esset, primus agnosceret § O in nuncupatione novi nominis felix Ecclesiae fundamentum! dignaque aedificatione illius petra, quae infernas leges, et tartari portas, et omnia mortis claustra dissolveret! O beatus caeli janitor, cujus arbitrio claves aeterni aditus traduntur, cujus terrestre judicium praejudicata auctoritas sit in caelo! ut quae in terris aut ligata sint, aut soluta, statuti ejusdem conditionem obtineant et in caelo.

V. Tu autem, Domine, miserere nobis. *R.* Deo gratias.

Resp. Elegit te Dominus sacerdotem sibi, ad sacrificandum ei, * Hostiam laudis.

Vers. Immola Deo sacrificium laudis, et redde Altissimo vota tua. Hostiam laudis.

Gloria Patri, et Filio, et Spiritui Sancto.

Hostiam laudis.

V. Jube, domne, benedicere.

---

18 So lautet (mit ev. Aenderungen *quorum*, *quarum* und *ipsa*, *ipsi*, *ipsae* und *intercedant*) die Benediktion bei Heiligenfesten; bei Marienfesten *ipsa Virgo virginum*. An Herrenfesten und Sonntagen dagegen *Divinum auxilium maneat semper nobiscum.* 20 Hilar. ibd. § 7. 26 Bei § beginnt Lectio IX, wenn die lectio pro S. Prisca wegfällt.

Benedictio IX: ¶ Ad societatem civium supernorum perducat nos Rex Angelorum. *R.* Amen.

Lectio IX pro S. Prisca

Prisca, nobilis virgo Romana, tredecim annos nata, Claudio imperatore christianae fidei accusata, ejusdem jussu ducta ad Apollinis templum, ut idolis immolaret, cum rem detestaretur, colaphis caesa, in carcerem traditur: atque inde emissa, cum in fidei constantia perseveraret, affecta verberibus, ferventique adipe delibuta, rursus in carcerem includitur. Post triduum in amphitheatrum producta, leoni objicitur: qui suae feritatis oblitus, humiliter se ad ejus pedes abjecit. Quae postea in ergastulo triduum inedia afflicta, in equuleo suspenditur, et ungulis ferreis excarni- ps

---

1 Wenn Lectio IX Evangelienhomilie ist, lautet die Benedictio: *Per evangelica dicta deleantur nostra delicta. R. Amen.* Dieser Fall tritt ein, wenn z. B. ein Sonntag durch Occurrenz mit einem höheren Fest „simplifiziert" wird (vgl. die nächste Anmerkung). Dann wird die Lectio IX nämlich durch die Homilie des III Sonntagsnokturnus gebildet (vgl. Brehm, Neuerungen 54 f.), Addit. et Variat. Tit. IV 1. 2. Ueber den analogen Fall an Wochentagen vgl. Brehm, Neuerungen 97, „Notanda" Nr. 15. R 79*. V lxxvj. 3 Normalerweise würde die IX Lectio ein weiteres Stück der Hilariushomilie bringen. Am heutigen Tage findet aber eine ständige Occurrenz statt: der 18. Jan. ist nicht nur ein Fest der Cathedra s. Petri, sondern auch Gedenktag der hl. Prisca. Dies letztere Fest fällt nun aber nicht aus, sondern wird als *simplex* durch *lectio IX historica* und *Commemoratio* (vgl. S. 24, 33) begangen. Darauf bezieht sich die Bemerkung des Direktoriums: *9 lectio de simplici.* Das geschieht in der Weise, dass an die Stelle der normalen Lectio IX des Hauptfestes eine *lectio nona historica* des kleineren Festes gesetzt wird, welche sich in unserem Falle wegen der ständigen Occurrenz bereits im ps am rechten Ort gedruckt findet. In dem weitaus häufigeren Fall, dass die Occurrenz zufällig ist und nur durch Zusammentreffen eines Heiligenfestes mit einem Festtag des Kirchenjahres entsteht, wird diese *lectio nona historica* durch Vereinigung der drei Lektionen des II Nokturns zu einer Lektion gewonnen: verkürzte *Lectiones contractae* sind im neuen Regensburger Brevier allen *semiduplicia* und *duplicia* von geringerem Rang als die *duplicia I* und *II classis* am Ende des II Nokturns beigegeben; so z. B. auch für Petri Cathedra R 742 (nicht in V!). Wenn also beispielsweise die Cathedra Petri, die den Rang eines *duplex majus* hat, in einer Diözese zusammentrifft mit einem dort üblichen Sonderfest von höherem Rang (*duplex II classis*), so wird sie „simplifiziert", d. h. sie tritt nur in der Form der *lectio nona historica* (wie sie in R 742 gedruckt ist) sowie bei den Commemorationen der Laudes und Vesper in die Erscheinung. An einem Sonntag oder *duplex I classis* fällt auch die *lectio nona historica* fort. Die *duplicia I* und *II classis* werden bei Occurrenz mit einem ranghöheren Fest (vgl. die S. 7 erwähnte Occurenztabelle) nicht simplifiziert", sondern transferiert, d. h. auf den nächsten Tag verschoben, dessen Fest sie verdrängen können: näheres in Add. et Var. Tit. IV 3—5, Brehm, Neuerungen 41 ff. 44. — Der Text der *lectio pro S. Prisca* ist ein Exzerpt aus ihren Akten, vgl. Acta Sanct. Jan. t. II p. 185 ff.

ficata in rogum injicitur, unde etiam mirabiliter evasit incolumis. Denique extra Urbem capite abscisso, virginitatis palmam martyrii corona cumulavit. Cujus corpus via Ostiensi, decimo ab Urbe milliario, a Christianis decimo quinto Kalendas Februarii sepelitur.

V. Tu autem, Domine, miserere nobis. *R.* Deo gratias.

¶ *Hymnus Ambrosianus*

Te Deum laudamus: ✱ te Dominum confitemur.

Te aeternum Patrem ✱ omnis terra veneratur.

Tibi omnes Angeli, ✱ tibi caeli, et universae potestates.

Tibi Cherubim et Seraphim ✱ incessabili voce proclamant:

Sanctus, Sanctus, Sanctus ✱ Dominus Deus Sabaoth.

Pleni sunt caeli et terra ✱ majestatis gloriae tuae.

Te gloriosus ✱ Apostolorum chorus,

Te Prophetarum ✱ laudabilis numerus,

Te Martyrum candidatus ✱ laudat exercitus.

Te per orbem terrarum ✱ sancta confitetur Ecclesia

Patrem ✱ immensae majestatis,

Venerandum tuum verum ✱ et unicum Filium,

Sanctum quoque ✱ Paraclitum Spiritum.

Tu Rex gloriae, ✱ Christe:

Tu Patris ✱ sempiternus es Filius:

Tu, ad liberandum suscepturus hominem, ✱ non horruisti Virginis uterum:

Tu, devicto mortis aculeo ✱ aperuisti credentibus regna caelorum:

Tu ad dexteram Dei sedes, ✱ in gloria Patris.

Judex ✱ crederis esse venturus.

§ Te ergo quaesumus, tuis famulis subveni, ✱ quos pretioso sanguine redemisti.

Aeterna fac cum Sanctis tuis ✱ in gloria numerari.

Salvum fac populum tuum, Domine; ✱ et benedic hereditati tuae:

Et rege eos, ✱ et extolle illos usque in aeternum.

---

6 Das *Te Deum* fällt aus an „a) den violetten Sonntagen (d. h. den Adventssonntagen und Septuagesimae bis Palmarum), b) allen Ferialoffizien ausser der Osterzeit, c) dem Officium der Unschuldigen Kinder, dem 28. Dezember (sofern es nicht auf Sonntag fällt oder Patrociniumsfest ist) und des Montags in der Bittwoche" *feria II in Rogationibus* R Bd. II 601 V 534 (Gatterer 12. Brehm, Conspectus 47. Neuerungen 134). Dafür tritt das 9. oder, wenn dies nicht vorhanden, das 3. Responsorium ein. — Ueber das *Te Deum* vgl. P. Cagin, Te Deum ou Illatio? (= Scriptorium Solesm. I) 1906. Blume in: Stimmen aus Maria-Laach 1911, 274). 29 bei § Kniebeugung.

Per singulos dies ✱ benedicimus te:

Et laudamus nomen tuum in saeculum, ✱ et in saeculum saeculi.

Dignare, Domine, die isto ✱ sine peccato nos custodire.

Miserere nostri, Domine, ✱ miserere nostri.

Fiat misericordia tua, Domine, super nos, ✱ quemadmodum speravimus in te.

In te, Domine, speravi: ✱ non confundar in aeternum.

Ad Laudes

℣. Deus, † in adjutorium etc.

Gloria Patri etc.

¶ Alleluja.

Antiphona 1: **Ecce sacerdos magnus, ✱ qui in diebus suis placuit Deo, et inventus est justus.** CS

Psalmus 92: **Dominus regnavit** etc. Gloria etc. *Ant. repetitur.* Ps

Antiphona 2: **Non est inventus ✱ similis illi: qui conservaret legem Excelsi.** CS

Psalmus 99: **Jubilate Deo** etc. Gloria etc. *Ant. repetitur.* Ps

Antiphona 3: **Ideo jurejurando ✱ fecit illum Dominus crescere in plebem suam.** CS

Psalmus 62: **Deus, Deus meus** etc. Gloria etc. *Ant. repetitur.* Ps

Antiphona 4: **Sacerdotes Dei, ✱ benedicite Dominum: servi Domini, hymnum dicite Deo. Alleluja.** CS

---

9 Die Laudes schliessen in der Regel unmittelbar an die Matutin an. Nur im Privatgebet können sie getrennt werden. Dann muss die Matutin die Schlussformeln erhalten: *Dominus vobiscum. R. Et cum spiritu tuo. Oremus* mit Oratio des Tages (vgl. S. 24, 26), danach *Dominus vobiscum* etc. *Benedicamus* etc. *Fidelium animae* etc. *Pater noster* mit *Amen* (S. 26, 8—12). Den Laudes ist dann ein *Pater noster* und *Ave Maria* voraufzuschicken. 12 oder *Laus tibi* etc., vgl. S. 10, 5. 13 Das Ps gibt für jeden Tag zwei Schemata der Laudes; welches jeweils zutrifft, ist aus dem Brevier selbst (bzw. Direktorium) ersichtlich. Schema II hat stets den Ps. 50 *Miserere* als Beginn und trägt dementsprechend Busscharakter. Die Laudes haben 4 Psalmen und ein „Canticum“, welches an vierter Stelle steht. Die 5 Antiphonen gibt das CS, die zugehörigen Psalmen sind von jetzt ab *per Horas* (nämlich heute bis zur Nona einschliesslich, vgl. S. 36, 10) dem Ps de Dominica I loco zu entnehmen. 24 Jedes *Alleluja* fällt von Septuagesimae bis Ostern aus, Rubr. Gen. XXI 6, vgl. S. 40, 14.

ps *Canticum trium Puerorum:* **Benedicite, omnia opera etc.** [Gloria etc.] *Ant. repetitur.*

cs *Antiphona 5:* **Serve bone ✱ et fidelis, intra in gaudium Domini tui.**

ps *Psalmus 148:* **Laudate Dominum** etc. Gloria etc. *Ant. repetitur.*

Capitulum

cs **Ecce sacerdos magnus, qui in diebus suis placuit Deo, et inventus est justus: et in tempore iracundiae factus est reconciliatio.** *R.* Deo gratias.

Hymnus

ps **Beate Pastor Petre, clemens accipe**
Voces precantum, criminumque vincula
Verbo resolve, cui potestas tradita,
Aperire terris caelum, apertum claudere.
Sit Trinitati sempiterna gloria,
Honor, potestas, atque jubilatio,
In unitate, quae gubernat omnia,
Per universa aeternitatis saecula. Amen.

ps *Vers.* **Exaltent eum in ecclesia plebis.** *R.* **Et in cathedra seniorum laudent eum.**

ps *Antiphona ad Benedictus:* **Quodcumque ✱ ligaveris super terram, erit ligatum et in caelis: et quodcumque solveris super terram, erit solutum et in caelis: dicit Dominus Simoni Petro.**

Canticum Zachariae

Benedictus † Dominus Deus Israel, ✱ quia visitavit, et fecit redemptionem plebis suae:

Et erexit cornu salutis nobis, ✱ in domo David pueri sui,

Sicut locutus est per os sanctorum, ✱ qui a saeculo sunt, prophetarum ejus:

Salutem ex inimicis nostris, ✱ et de manu omnium, qui oderunt nos,

Ad faciendam misericordiam cum patribus nostris, ✱ et memorari testamenti sui sancti.

Jusjurandum, quod juravit ad Abraham patrem nostrum, ✱ daturum se nobis,

Ut sine timore, de manu inimicorum nostrorum liberati, ✱ serviamus illi,

---

1 Dan. 3, 57—88. 56. Das sonst am Ende auch jedes Canticums vorgeschriebene *Gloria* fällt bei diesem bereits mit einer Doxologie (v. 56) schliessenden aus, vgl. Rubr. Gen. XXIII 2. 7 Eccli. 44, 16—17. 12 Der Vers stammt aus einem der Gattin des Boëthius, Elpis, zugeschriebenen Hymnus *Aurea luce*, Dreves, Anal. hymn. 51, 216. 25 Luc. 1, 68—79.

In sanctitate et justitia coram ipso ✱ omnibus diebus nostris.

Et tu, puer, propheta Altissimi vocaberis, ✱ praeibis enim ante faciem Domini parare vias ejus,

Ad dandam scientiam salutis plebi ejus, ✱ in remissionem peccatorum eorum,

Per viscera misericordiae Dei nostri, ✱ in quibus visitavit nos, oriens ex alto:

Illuminare his, qui in tenebris et in umbra mortis sedent: ✱ ad dirigendos pedes nostros in viam pacis.

Gloria Patri, et Filio, ✱ et Spiritui Sancto.

Sicut erat in principio, et nunc, et semper, ✱ et in saecula saeculorum. Amen.

Ant. **Quodcumque ligaveris super terram, erit ligatum et in caelis: et quodcumque solveris super terram, erit solutum et in caelis: dicit Dominus Simoni Petro.** pe

[*Preces feriales*

Kyrie, eleison. Christe, eleison. Kyrie, eleison.

Pater noster . . . debitoribus nostris.

V. Et ne nos inducas in tentationem. *R.* Sed libera nos a malo.

V. Ego dixi, Domine, misere mei. *R.* Sana animam meam, quia peccavi tibi.

V. Convertere, Domine, usquequo? *R.* Et deprecabilis esto super servos tuos.

V. Fiat misericordia tua, Domine, super nos. *R.* Quemadmodum speravimus in te.

V. Sacerdotes tui induantur justitiam. *R.* Et sancti tui exsultent.

V. Oremus pro beatissimo Papa nostro *N.* *R.* Dominus conservet eum, et vivificet eum, et beatum faciat eum in terra, et non tradat eum in animam inimicorum ejus.

V. Oremus et pro Antistite nostro *N.* *R.* Stet et pascat in fortitudine tua, Domine, in sublimitate nominis tui.

V. Domine, salvum fac regem. *R.* Et exaudi nos in die, qua invocaverimus te.

---

17 Die *Preces feriales* finden an den Wochentagen der Advents- und Fastenzeit (bis Karmittwoch einschliesslich) sowie dem Herbstquatember statt, wenn *Officium de feria* ist (vgl. S. 6); ebenso an den Vigiloffizien, die *de feria* gebetet werden: genaueres im Ⓓ, vgl. Brehm, Neuerungen 136. Conspect. 49. Gatterer 13. Im Chor werden sie knieend gebetet. Das Direktorium notiert ihr Eintreffen. 33 Diese Bitte fällt in Rom aus, weil der Ortsbischof der Papst ist.

V. Salvum fac populum tuum, Domine, et benedic hereditati tuae. *R.* Et rege eos, et extolle illos usque in aeternum.

V. Memento Congregationis tuae. *R.* Quam possedisti ab initio.

V. Fiat pax in virtute tua. *R.* Et abundantia in turribus tuis.

V. Oremus pro benefactoribus nostris. *R.* Retribuere dignare, Domine, omnibus, nobis bona facientibus propter nomen tuum, vitam aeternam. Amen.

V. Oremus pro fidelibus defunctis. *R.* Requiem aeternam dona eis, Domine, et lux perpetua luceat eis.

V. Requiescant in pace. *R.* Amen.

V. Pro fratribus nostris absentibus. *R.* Salvos fac servos tuos, Deus meus, sperantes in te.

V. Pro afflictis et captivis. *R.* Libera eos, Deus Israel, ex omnibus tribulationibus suis:

V. Mitte eis, Domine, auxilium de sancto. *R.* Et de Sion tuere eos.

V. Domine Deus virtutum, converte nos. *R.* Et ostende faciem tuam, et salvi erimus.

V. Exsurge, Christe, adjuva nos. *R.* Et libera nos propter nomen tuum.

V. Domine, exaudi orationem meam. *R.* Et clamor meus ad te veniat.]

V. Dominus vobiscum. *R.* Et cum spiritu tuo.

Oremus. *Oratio diei*

pe **Deus, qui beato Petro Apostolo tuo, collatis clavibus regni caelestis, ligandi atque solvendi pontificium tradidisti: concede, ut intercessionis ejus auxilio, a peccatorum nostrorum nexibus liberemur.**

Qui vivis et regnas cum Deo Patre in unitate Spiritus Sancti Deus per omnia saecula saeculorum. *R.* Amen.

Commemoratio S. Pauli Apostoli

pe *Ant.* **Sancte Paule Apostole, praedicator veritatis et Doctor Gentium, intercede pro nobis ad Deum, qui te elegit.**

---

24 Im alten Brevier folgte nun das *De profundis* Ps. 129, in der Vesper an gleicher Stelle das *Miserere* Ps. 50. 31 Ueber diese Schlussformeln vgl. Rubr. Gen. XXX 4. 33 Die „Commemoration" eines Tages bzw. Festes geschieht nach folgender Regel: Man nimmt aus der entsprechenden Hore des zu commemorierenden Tages die Antiphone, also die *Ant. ad Bened.* bei den Laudes, die *Ant. ad Magn.* bei einer Vesper, lässt dann den davor stehenden *Versus* und danach die *Oratio* des Tages folgen: doch entstehen beim Zusammen-

Vers. Tu es vas electionis, sancte Paule Apostole. *R.* Praedicator veritatis in universo mundo.

Oremus.

Oratio: Deus qui multitudinem Gentium beati Pauli Apostoli praedicatione docuisti: da nobis, quaesumus; ut, cujus commemorationem colimus, ejus apud te patrocinia sentiamus.

Commemoratio S. Priscae

Ant. Simile est regnum caelorum homini negotiatori quaerenti bonas margaritas: inventa una pretiosa, dedit omnia sua, et comparavit eam. CS

Vers. Diffusa est gratia in labiis tuis. *R.* Propterea benedixit te Deus in aeternum.

Oremus.

Oratio: Da, quaesumus, omnipotens Deus: ut, qui beatae Priscae Virginis et Martyris tuae natalitia colimus, et annua solemnitate laetemur, et tantae fidei proficiamus exemplo. PS

Per Dominum nostrum Jesum Christum filium tuum, qui tecum vivit et regnat in unitate Spiritus sancti Deus per omnia saecula saeculorum. *R.* Amen.

[*Suffragium de omnibus Sanctis*

Ant. ⟦Beata Dei Genitrix Virgo Maria⟧ Sancti⟦que⟧ omnes intercedant pro nobis ad Dominum.

Vers. Mirificavit Dominus Sanctos suos. *R.* Et exaudivit eos clamantes ad se.

Oremus.

Oratio: A cunctis nos, quaesumus, Domine, mentis et corporis defende periculis: et, intercedente ⟦beata et gloriosa semper virgine Dei Genitrice Maria, cum⟧ beato Joseph,

---

treffen mehrerer Commemorationen mancherlei Schwierigkeiten, über welche zu vergleichen Rubr. Gen. IX 8. Add. et Var. VII. Brehm, Neuerungen 139; Conspectus 53. Für die ständigen Commemorationen sind im Brevier selbst bequeme Hinweise jeweils am Ort zu finden. — Die Comm. S. Pauli ist der I Vesper des Festes Commemo rationis Pauli (30 Juni) entnommen (R III 642. V 1166).

6 Folgen mehrere Comm. einander, so hat nur die *Oratio* der letzten die Klausel *per Dominum* etc. Rubr. Gen. XXX 5. 7 Die *Comm. s. Priscae* entstammt den Laudes des *Commune Virginum* (R [131]. V 1567), dazu tritt die eigene *Oratio*, welche in der I Vesper des 18. Januar bereits mitgeteilt ist (R 739. V 920). 20 Das *Suffragium* fällt aus in der Advents-, Passions- und Osterzeit und wenn eine Oktave oder ein *duplex* (wie heute) gefeiert oder commemoriert wird: vgl. Ꝺ. Brehm, Neuerungen 135. Consp. 47. Gatterer 13. Das Direktorium notiert, wann es gebetet wird. 21 Beim Officium B. Mariae Virg. in Sabbato fällt das in ⟦ ⟧ stehende aus, und das *cum* Z. 28 tritt vor *beatis Apostolis*.

beatis Apostolis tuis Petro et Paulo, atque beato *N.* et omnibus Sanctis, salutem nobis tribue benignus et pacem: ut, destructis adversitatibus et erroribus universis, Ecclesia tua secura tibi serviat libertate.

Per ⟦eumdem⟧ Dominum nostrum Jesum Christum filium tuum, qui tecum vivit et regnat in unitate Spiritus sancti Deus per omnia saecula saeculorum. *R.* Amen.]

V. Dominus vobiscum. *R.* Et cum spiritu tuo.

V. Benedicamus Domino. *R.* Deo gratias.

V. Fidelium animae per misericordiam Dei requiescant in pace. *R.* Amen.

Conclusio

Pater noster . . . Amen.

V. Dominus det nobis suam pacem. *R.* Et vitam aeternam. Amen.

Antiphona Mariana

¶ Alma Redemptoris Mater, quae pervia caeli
Porta manes, et stella maris, succurre cadenti,
Surgere qui curat, populo: tu, quae genuisti,

---

1 *N* ist der Titelheilige der Kirche; wenn es ein Engel oder Johannes der Täufer ist, wird er vor Joseph genannt. 7 In der Osterzeit, d. h. von Montag nach *Dom. in Albis* bis zum Mittwoch vor Himmelfahrt einschliesslich wird statt des Suffragiums an den in Betracht kommenden Tagen (vgl. Direktorium!) gebetet folgende

Commemoratio de Cruce

Ant. Crucifixus surrexit a mortuis, et redemit nos, alleluja, alleluja.

Vers. Dicite in nationibus, alleluja. *R.* Quia Dominus regnavit a ligno, alleluja.

Oremus.

Oratio: Deus, qui pro nobis Filium tuum crucis patibulum subire voluisti, ut inimici a nobis expelleres potestatem: concede nobis, famulis tuis; ut resurrectionis gratiam consequamur. Per eumdem Dominum etc. *R.* Amen. 12 Diese *Conclusio* folgt, wenn keine weitere Hore direkt anschliesst, sonst steht sie am Ende der letzten Hore.

17 Vom 1. Advent bis Lichtmess (2. Februar) wird *Alma Redemptoris*, vom Trinitatisfest bis Sonnabend vor dem 1. Advent *Salve Regina* als Marianische Antiphon gesungen; beide gehen auf Herimannus Contractus v. Reichenau († 1054) zurück: vgl. G. M. Dreves, Ein Jahrtausend lat. Hymnendichtung I 156. Von Lichtmess Complet bis Mittwoch der Karwoche *Ave Regina caelorum*, in der Osterzeit *Regina caeli, laetare.* Mit den Hymnen wechseln auch Versus und Oratio; vgl. 𝔇.

Natura mirante, tuum sanctum Genitorem,
Virgo prius ac posterius. Gabrielis ab ore
Sumens illud Ave, peccatorum miserere.

Vers. ¶ Post partum, Virgo, inviolata permansisti. *R.* Dei Genitrix, intercede pro nobis.

Oremus.

Oratio: ¶ Deus, qui salutis aeternae, beatae Mariae virginitate foecunda, humano generi praemia praestitisti: tribue, quaesumus, ut ipsam pro nobis intercedere sentiamus, per quam meruimus auctorem vitae suscipere Dominum nostrum Jesum Christum Filium tuum. *R.* Amen.

V. Divinum auxilium maneat semper nobiscum. *R.* Amen.

Ad Primam

Pater noster etc.
Ave Maria etc.
Credo etc.
Deus † in adjutorium etc.
Gloria Patri etc.
¶ Alleluja.

Hymnus

Jam lucis orto sidere,
Deum precemur supplices,
Ut in diurnis actibus
Nos servet a nocentibus.
Linguam refrenans temperet,
Ne litis horror insonet:
Visum fovendo contegat,
Ne vanitates hauriat.
Sint pura cordis intima,
Absistat et vecordia:
Carnis terat superbiam
Potus cibique parcitas:
Ut, cum dies abscesserit,
Noctemque sors reduxerit,
Mundi per abstinentiam
Ipsi canamus gloriam.

---

21 Dreves, Anal. hymn. 51, 40.

¶ Deo Patri sit gloria,
Ejusque soli Filio,
Cum Spiritu Paraclito,
Nunc, et per omne saeculum. Amen.

CS *Ant. (1):* **Ecce sacerdos magnus.**

PS *Psalmus 53:* **Deus in nomine** etc. Gloria etc.
Psalmus 118 I: **Beati immaculati** etc. Gloria etc.
Psalmus 118 II: **Retribue servo** etc. Gloria etc.
[*Symbolum Athanasianum:* **Quicumque** etc. Gloria etc.]

CS *Ant. (1):* **Ecce sacerdos magnus, ✶ qui in diebus suis placuit Deo, et inventus est justus.**

Capitulum

¶ Regi saeculorum immortali et invisibili, soli Deo honor et gloria in saecula saeculorum. Amen.
R. Deo gratias.

Responsorium breve: Christe, Fili Dei vivi, ✶ Miserere nobis. *Et repetitur:* Christe, Fili Dei vivi, Miserere nobis. *V.* ¶ Qui sedes ad dexteram Patris. *R.* Miserere nobis. *V.* Gloria Patri, et Filio, et Spiritui sancto. *R.* Christe, Fili Dei vivi, miserere nobis.

Vers. Exsurge, Christe, adjuva nos. *R.* Et libera nos propter nomen tuum.

---

1 Der letzte Vers variiert nach dem Kirchenjahr, vgl. Rubr. Gen. XX 4—8. Add. et Var. VIII 1. 5 In den „kleinen" Horen werden die Antiphonen auch beim *duplex* vor den Psalmen nur „angefangen", also nicht „dupliziert"; auch werden stets die drei Psalmen hintereinander gebetet und dann erst die (einzige) Antiphon ganz gebracht. Wenn beim *Officium 9. lect.* keine eigenen Antiphonen für die kleinen Horen angegeben sind (wie heute), entnimmt man sie den Laudes, und zwar für die Prim die 1., Terz die 2., Sext die 3., Non die 5. Rubr. Gen. XXI 7 und 4. 6 Ps. 53 wird in der Prim bei einem Fest gebetet, an Sonntagen statt dessen Ps. 117 bzw. (von Septuagesimae bis Palmsonntag) Ps. 92. 99. 9 Das Symbolum *Quicumque* wird nur am Trinitatisfest und den „grünen" Sonntagen (nach Epiphanie und Pfingsten) gebetet, falls an diesen kein *duplex* oder Oktav commemoriert wird (Add. et Var. VIII 2 f.); vgl. Direktorium; Brehm, Neuer. 137. Consp. 50. 13 I Tim. 1, 17. In allen *feriae* und *vigiliae communes* ausserhalb der Osterzeit lautet das Capitulum *Pacem et veritatem diligite, ait Dominus omnipotens*, Zach. 8, 19. 18 Statt des *Qui sedes* etc. z. B. Weihnachten *Qui natus es de Maria Virgine*, Epiphanie *Qui apparuisti hodie*, Ostern *Qui surrexisti a mortuis, alleluja, alleluja* u. a. m., vgl. D und PT.

[*Preces feriales vel dominicales*

Kyrie, eleison. Christe, eleison. Kyrie, eleison.

Pater noster . . . debitoribus nostris.

V. Et ne nos inducas in tentationem. *R.* Sed libera nos a malo.

Credo in Deum . . . remissionem peccatorum.

V. Carnis resurrectionem. *R.* Vitam aeternam. Amen.

V. Et ego ad te, Domine, clamavi. *R.* Et mane oratio mea praeveniet te.

V. Repleatur os meum laude. *R.* Ut cantem gloriam tuam, tota die magnitudinem tuam.

V. Domine, averte faciem tuam a peccatis meis. *R.* Et omnes iniquitates meas dele.

V. Cor mundum crea in me, Deus. *R.* Et spiritum rectum innova in visceribus meis.

V. Ne projicias me a facie tua. *R.* Et spiritum sanctum tuum ne auferas a me.

V. Redde mihi laetitiam salutaris tui. *R.* Et spiritu principali confirma me.

⟦*V.* Eripe me, Domine, ab homine malo. *R.* A viro iniquo eripe me.

V. Eripe me de inimicis meis, Deus meus. *R.* Et ab insurgentibus in me libera me.

V. Eripe me de operantibus iniquitatem. *R.* Et de viris sanguinum salva me.

V. Sic psalmum dicam nomini tuo in saeculum saeculi. *R.* Ut reddam vota mea de die in diem.

V. Exaudi nos, Deus salutaris noster. *R.* Spes omnium finium terrae, et in mari longe.

V. Deus, in adjutorium meum intende. *R.* Domine, ad adjuvandum me festina.

V. Sanctus Deus, Sanctus fortis, Sanctus immortalis. *R.* Miserere nobis.

V. Benedic, anima mea, Domino. *R.* Et omnia, quae intra me sunt, nomini sancto ejus.

---

1 Die *Preces feriales* werden gebetet, wenn sie bei den Laudes gebetet werden (vgl. S. 23, 17). Sonst tritt die kürzere Form, die sog. *Preces dominicales*, ein: in diesen fehlt, was S. 29, 20 bis S. 30, 8 in ⟦ ⟧ steht. Auch sie fallen aber aus, wenn ein *duplex* oder eine Oktave gefeiert (also heute) oder commemoriert wird, sowie *in vigilia Epiphaniae et Pentecostes et feria VI post Octavam Ascensionis*, vgl. Ⓓ, Rubr. Gen. XXXIV 2. Add. et Var. VIII 3. Gatterer 13. Brehm, Neuerungen 137. Consp. 50. Das Direktorium gibt an, wann sie zu beten sind.

V. Benedic, anima mea, Domino. *R.* Et noli oblivisci omnes retributiones ejus.

V. Qui propitiatur omnibus iniquitatibus tuis. *R.* Qui sanat omnes infirmitates tuas.

V. Qui redimit de interitu vitam tuam. *R.* Qui coronat te in misericordia et miserationibus.

V. Qui replet in bonis desiderium tuum. *R.* Renovabitur ut aquilae juventus tua.]]

V. Adjutorium † nostrum in nomine Domini. *R.* Qui fecit caelum et terram.

In Choro Hebdomadarius facit Confessionem: Confiteor Deo omnipotenti, beatae Mariae semper Virgini, beato Michaeli Archangelo, beato Joanni Baptistae, sanctis Apostolis Petro et Paulo, omnibus Sanctis, et vobis, fratres, quia peccavi nimis cogitatione, verbo et opere: mea culpa, mea culpa, mea maxima culpa. Ideo precor beatam Mariam semper Virginem, beatum Michaelem Archangelum, beatum Joannem Baptistam, sanctos Apostolos Petrum et Paulum, omnes Sanctos, et vos, fratres, orare pro me ad Dominum Deum nostrum.

Chorus respondet: Misereatur tui (*vel* vestri *vel* nostri) omnipotens Deus, et dimissis peccatis tuis, perducat te ad vitam aeternam. *R.* Amen.

Deinde Chorus facit Confessionem et Hebdomadarius respondet: Misereatur etc.

Indulgentiam, † absolutionem et remissionem peccatorum nostrorum tribuat nobis omnipotens et misericors Dominus. *R.* Amen.

V. Dignare, Domine, die isto. *R.* Sine peccato nos custodire.

V. Miserere nostri, Domine. *R.* Miserere nostri.

V. Fiat misericordia tua, Domine, super nos. *R.* Quemadmodum speravimus in te.

V. Domine, exaudi orationem meam. *R.* Et clamor meus ad te veniat.]

V. Dominus vobiscum. *R.* Et cum spiritu tuo.

Oremus.

Oratio: Domine Deus omnipotens, qui ad principium hujus diei nos pervenire fecisti, tua nos hodie salva virtute: ut in hac die ad nullum declinemus peccatum, sed semper

---

20 *vestri* sagt der dem Chor respondierende Hebdomadarius; *nostri* heisst es, wenn einer oder zwei beten, ebenso im Nonnenchor, d. h. stets, sobald keine Wiederholung stattfindet.

ad tuam justitiam faciendam nostra procedant eloquia, dirigantur cogitationes et opera. Per Dominum nostrum Jesum Christum Filium tuum, qui tecum vivit et regnat in unitate Spiritus Sancti Deus per omnia saecula saeculorum. *R.* Amen.

V. Dominus vobiscum. *R.* Et cum spiritu tuo.

V. Benedicamus Domino. *R.* Deo gratias.

In Choro deinde legitur Màrtyrologium:

Mart. Rom.

Quartodecimo Kalendas Februarii. Luna undecima. Die mensis decimonono. Dominica Septuagesimae, in qua deponitur Canticum Domini, Alleluia. Sancti Canuti Regis et Martyris, cuius dies natalis agitur septimo Idus Januarii. Romae via Cornelia sanctorum Martyrum Marii et Marthae conjugum, et filiorum Audifacis et Abachum nobilium Persarum, qui Romam temporibus Claudii Principis ad orationem venerant: e quibus post toleratos fustes, equuleum, ignes, ungues ferreos, manuumque praecisionem, Martha in Nympha necata est, ceteri sunt decollati, et corpora eorum incensa. Smyrnae natalis beati Germanici Martyris, qui cum primaevae aetatis venustate floreret, sub Marco Antonino et Lucio Aurelio, per gratiam virtutis Dei metum corporeae fragilitatis excludens, sponte praeparatam sibi bestiam damnatus a judice provocavit; cujus dentibus comminutus, vero pani Domino Jesu Christo, pro ipso moriens, meruit incorporari. In Africa sanctorum Martyrum Pauli, Gerontii, Januarii, Saturnini, Successi, Julii, Cati, Piae et Germanae. Apud Spoletum passio sancti Pontiani Martyris, tempore Antonini Imperatoris; quem Fabianus judex pro Christo vehementissime virgis caesum, jussit super carbones nudis pedibus ambulare; a quibus nil laesus, equuleo et uncinis ferreis jussus est suspendi, et sic in carcerem trudi, ubi Angelica visitatione meruit confortari, postque leonibus expositus, et plumbo ferventi perfusus, tandem gladio percussus est. Laudae sancti Bassiani Episcopi et Confessoris, qui adversus haereticos una cum sancto Ambrosio strenue decertavit. Wigorni in Anglia sancti Wulstani Episcopi et Confessoris meritis et miraculis conspicui, ab Innocentio Tertio inter Sanctos relati. Et alibi aliorum plurimorum sanctorum Martyrum et Confessorum, atque sanctarum Virginum. ***R.*** Deo gratias.

Hebdomadarius dicit V. Pretiosa in conspectu Domini. *R.* Mors sanctorum ejus.

Oratio: Sancta Maria, et omnes Sancti intercedant pro nobis ad Dominum, ut nos mereamur ab eo adjuvari et salvari, qui vivit et regnat in saecula saeculorum. *R.* Amen.

V. Deus, in adjutorium meum intende. *R.* Domine, ad adjuvandum me festina.

V. Deus in adjutorium meum intende. *R.* Dominus ad adjuvandum me festina.

V. Deus in adjutorium meum intende. *R.* Dominus ad adjuvandum me festina.

Gloria Patri, et Filio, et Spiritui Sancto. Sicut erat in principio, et nunc, et semper, et in saecula saculorum. Amen.

Kyrie, eleison. Christe, eleison. Kyrie, eleison.

Pater noster . . . debitoribus nostris.

V. Et ne nos inducas in tentationem. *R.* Sed libera nos a malo.

V. Respice in servos tuos, Domine, et in opera tua, et dirige filios eorum. *R.* Et sit splendor Domini Dei nostri

---

7 Die Lesung des Martyrol. Rom. *laudabiliter fit etiam extra Chorum.* Es wird stets der Text des folgenden Tages antezipiert, also heute der des 19. Januar.

super nos, et opera manuum nostrarum dirige super nos, et opus manuum nostrarum dirige.

V. Gloria Patri etc. *R.* Sicut erat etc.

Oremus.

Oratio: Dirigere et sanctificare, regere et gubernare dignare, Domine Deus, Rex caeli et terrae, hodie corda et corpora nostra, sensus, sermones et actus nostros in lege tua, et in operibus mandatorum tuorum: ut hic, et in aeternum, te auxiliante, salvi et liberi esse mereamur, Salvator mundi: Qui vivis et regnas in saecula saeculorum. *R.* Amen.

V. Jube, domne, benedicere.

Benedictio: Dies et actus nostros in sua pace disponat Dominus omnipotens. *R.* Amen.

Lectio brevis

ℭ𝔖 **Fungi sacerdotio, et habere laudem in nomine ipsius, et offerre illi incensum dignum in odorem suavitatis.**

V. Tu autem, Domine, miserere nobis. *R.* Deo gratias.

V. Adjutorium nostrum in nomine Domini. *R.* Qui fecit caelum et terram.

V. Benedicite. *R.* Deus.

Benedictio: Dominus † nos benedicat, et ab omni malo defendat, et ad vitam perducat aeternam; et fidelium animae per misericordiam Dei requiescant in pace. *R.* Amen.

[Pater noster . . . Amen.]

Ad Tertiam

Pater noster etc.
Ave Maria etc.
V. Deus † in adjutorium etc.
Gloria Patri etc.
¶ Alleluja.

Hymnus

¶ Nunc, Sancte nobis Spiritus,
Unum Patri cum Filio,
Dignare promptus ingeri
Nostro refusus pectori.

---

14 Die *Lectiones breves* für die Sonn- und Wochentage stehen im 𝔇; an allen Festen (vgl. die Rubrik im 𝔇) wird (wie heute) das Capitulum der Non genommen. — Eccli. 45, 19—20. 24 Das *Pater noster* wird gebetet, wenn keine weitere Hore anschliesst. 32 Ps. ambrosianisch; Dreves, Anal. hymn. 50, 19. Pfingsten wird *Veni creator* etc. gesungen.

Os, lingua, mens, sensus, vigor
Confessionem personent;
Flammescat igne caritas,
Accendat ardor proximos.
¶ Praesta, Pater piissime,
Patrique compar Unice,
Cum Spiritu Paraclito
Regnans per omne saeculum. Amen.

Ant. (2): **Non est inventus.** CS

Psalmus 118 III: **Legem pone** etc. Gloria etc. Ps
Psalmus 118 IV: **Memor esto** etc. Gloria etc.
Psalmus 118 V: **Bonitatem fecisti** etc. Gloria etc.

Ant. (2): **Non est inventus ✱ similis illi, qui conservaret legem Excelsi.** CS

Capitulum

Ecce sacerdos magnus, qui in diebus suis placuit Deo, et inventus est justus: et in tempore iracundiae factus est reconciliatio. CS
R. Deo gratias.

Responsorium breve: **Amavit eum Dominus ✱ et ornavit eum. Amavit eum Dominus et ornavit eum.**
V. **Stolam gloriae induit eum. Et ornavit eum.**
Gloria Patri, et Filio, et Spiritui Sancto.
Amavit eum Dominus et ornavit eum.

Vers. **Elegit eum Dominus sacerdotem sibi.** *R.* **Ad sacrificandum ei hostiam laudis.**

[*Preces feriales*

Kyrie, eleison. Christe, eleison. Kyrie, eleison.
Pater noster . . . debitoribus nostris.

V. Et ne nos inducas in tentationem. *R.* Sed libera nos a malo.

V. Domine Deus virtutum, converte nos. *R.* Et ostende faciem tuam, et salvi erimus.

V. Exsurge, Christe, adjuva nos. *R.* Et libera nos propter nomen tuum.

V. Domine, exaudi orationem meam. *R.* Et clamor meus ad te veniat.]

V. Dominus vobiscum. *R.* Et cum spiritu tuo.

---

5 Vgl. S. 28,1. 15 Eccli. 44, 16—17 wie Laudes.
26 Preces, wenn bei den Laudes.

Oremus. *Oratio diei*

ps **Deus, qui beato Petro Apostolo tuo, collatis clavibus regni caelestis, ligandi atque solvendi pontificium tradidisti: concede, ut intercessionis ejus auxilio, a peccatorum nostrorum nexibus liberemur.**

Qui vivis et regnas cum Deo Patre in unitate Spiritus Sancti Deus per omnia saecula saeculorum. *R.* Amen.

V. Dominus vobiscum. *R.* Et cum spiritu tuo.

V. Benedicamus Domino. *R.* Deo gratias.

V. Fidelium animae per misericordiam Dei requiescant in pace. *R.* Amen.

[Pater noster . . . Amen.]

Ad Sextam

Pater noster etc.

Ave Maria etc.

V. Deus † in adjutorium etc.

Gloria Patri etc.

¶ Alleluja.

Hymnus

Rector potens, verax Deus,
Qui temperas rerum vices,
Splendore mane illuminas,
Et ignibus meridiem:
Exstingue flammas litium,
Aufer calorem noxium,
Confer salutem corporum,
Veramque pacem cordium.
¶ Praesta, Pater piissime,
Patrique compar Unice,
Cum Spiritu Paraclito
Regnans per omne saeculum. Amen.

ce *Ant.* (*3*). **Ideo jurejurando.**

ps *Psalmus 118 VI:* **Defecit in salutare** etc. Gloria etc.

Psalmus 118 VII: **Quomodo dilexi** etc. Gloria etc.

Psalmus 118 VIII: **Iniquos odio** etc. Gloria etc.

ce *Ant.* (*3*). **Ideo jurejurando ✱ fecit illum Dominus crescere in plebem suam.**

---

12 Vgl. S. 32, 24. 19 Ps. ambrosianisch; Dreves, Anal. hymn. 50, 20. 28 Vgl. S. 28, 1.

Capitulum

Non est inventus similis illi, qui conservaret legem Excelsi: ideo jurejurando fecit illum Dominus crescere in plebem suam. CS
R. Deo gratias.

Responsorium breve: **Elegit eum Dominus ✱ Sacerdotem sibi. Elegit eum Dominus sacerdotem sibi.**
V. **Ad sacrificandum ei hostiam laudis. Sacerdotem sibi.**
Gloria Patri, et Filio, et Spiritui Sancto.
Elegit eum Dominus sacerdotem sibi.

Vers. **Tu es sacerdos in aeternum.** *R.* **Secundum ordinem Melchisedech.**

[*Preces feriales ut in Tertia vide p. 33.*]

V. Dominus vobiscum. *R.* Et cum spiritu tuo.
Oremus.

Oratio diei

Deus, qui beato Petro Apostolo tuo, collatis clavibus regni caelestis, ligandi atque solvendi pontificium tradidisti: concede, ut intercessionis ejus auxilio, a peccatorum nostrorum nexibus liberemur. PS
Qui vivis et regnas cum Deo Patre in unitate Spiritus Sancti Deus per omnia saecula saeculorum. *R.* Amen.

V. Dominus vobiscum. *R.* Et cum spiritu tuo.
V. Benedicamus Domino. *R.* Deo gratias.
V. Fidelium animae per misericordiam Dei requiescant in pace. *R.* Amen.
[Pater noster . . . Amen.]

Ad Nonam

Pater noster etc.
Ave Maria etc.
V. Deus † in adjutorium etc.
Gloria Patri etc.
¶ Alleluja.

Hymnus

Rerum, Deus, tenax vigor,
Immotus in te permanens,
Lucis diurnae tempora
Successibus determinans,

---

1 Eccli. 44, 20. 33 Ps. ambrosianisch; Dreves, Anal. hymn. 50, 20.

Largire lumen vespere,
Quo vita nusquam decidat;
Sed praemium mortis sacrae
Perennis instet gloria.
¶ Praesta, Pater piissime,
Patrique compar Unice,
Cum Spiritu Paraclito
Regnans per omne saeculum. Amen.

CS *Ant.* (5): **Serve bone.**

PS *Psalmus 118 IX:* **Mirabilia testimonia** etc. Gloria etc.
Psalmus 118 X: **Clamavi in toto** etc. Gloria etc.
Psalmus 118 XI: **Principes persecuti** etc. Gloria etc.

CS *Ant.* (5): **Serve bone ✱ et fidelis, intra in gaudium Domini tui.**

Capitulum

CS **Fungi sacerdotio, et habere laudem in nomine ipsius, et offerre illi incensum dignum in odorem suavitatis.** *R.* Deo gratias.

Responsorium breve: **Tu es sacerdos ✱ in aeternum. Tu es sacerdos in aeternum.**
V. **Secundum ordinem Melchisedech. In aeternum.**
Gloria Patri, et Filio, et Spiritui Sancto.
Tu es sacerdos in aeternum secundum ordinem Melchisedech.

Vers. **Justum deduxit Dominus per vias rectas.** *R.* **Et ostendit illi regnum Dei.**

[*Preces feriales ut in Tertia vide p. 33.*]

V. Dominus vobiscum. *R.* Et cum spiritu tuo.
Oremus.

Oratio diei

PS **Deus, qui beato Petro Apostolo tuo, collatis clavibus regni caelestis, ligandi atque solvendi pontificium tradidisti: concede, ut intercessionis ejus auxilio, a peccatorum nostrorum nexibus liberemur.**

Qui vivis et regnas cum Deo Patre in unitate Spiritus Sancti Deus per omnia saecula saeculorum. *R.* Amen.

V. Dominus vobiscum. *R.* Et cum spiritu tuo.
V. Benedicamus Domino. *R.* Deo gratias.
V. Fidelium animae per misericordiam Dei requiescant in pace. *R.* Amen.
[Pater noster . . . Amen.]

---

5 Vgl. S. 28, 1 16 Eccli. 45, 19—20.

Ad Vesperas

Pater noster etc.
Ave Maria etc.
V. Deus † in adjutorium etc.
Gloria Patri etc.
¶ Alleluja.

Ant. 1: **Benedictus Dominus.** Ps

Psalmus 143 I: **[Benedictus Dominus] Deus meus, qui docet** manus etc. Gloria etc.

Ant. 1: **Benedictus Dominus, ✶ susceptor meus, et liberator meus.**

Ant. 2: **Beatus populus.**

Psalmus 143 II: **Deus, canticum** etc. Gloria etc.

Ant. 2: **Beatus populus, ✶ cujus Dominus Deus ejus.**

Ant. 3: **Magnus Dominus.**

Psalmus 144 I: **Exaltabo te** etc. Gloria etc.

Ant. 3: **Magnus Dominus ✶ et laudabilis nimis: et magnitudinis ejus non est finis.**

Ant. 4: **Suavis Dominus.**

Psalmus 144 II: **Miserator, et misericors** etc. Gloria etc.

Ant. 4: **Suavis Dominus ✶ universis: et miserationes ejus super omnia opera ejus.**

Ant. 5: **Fidelis Dominus.**

Psalmus 144 III: **[Fidelis Dominus] in omnibus verbis suis** etc. Gloria etc.

Ant. 5: **Fidelis Dominus ✶ in omnibus verbis suis: et sanctus in omnibus operibus suis.**

Capitulum

Fratres: Nescitis, quod ii, qui in stadio currunt, omnes quidem PT **currunt, sed unus accipit bravium? Sic currite, ut comprehendatis.**

R. Deo gratias.

---

1 Zur Vesper findet eine Concurrenz (vgl. S. 7) statt: die II Vesper der Cath. s. Petri, eines *duplex majus*, mit der I Vesper eines Sonntags (*dominica*): die Tabelle gibt die Ziffer 3, also *totum de sequenti, commemoratio de praecedenti.* Demnach ist das Officium der Vesper vor Septuagesimae zu beten und die Cathedra s. Petri zu commemorieren. So erklärt sich die Notiz des Direktoriums. Die Vesper hat also kein Officium *de festo*, sondern das des *Sabbatum ante Septuagesimam*: die Psalmen mit Antiphonen sind demnach — wie auch das Direktorium ausdrücklich angibt — dem Ps vom Samstag zu entnehmen (R 320. V 172), die übrigen Stücke stehen im PT (R 603. V 347). In ihrem Bau ist die Vesper den Laudes gleich. 8 Wenn Antiphon und Psalmbeginn gleich lauten, fallen die betreffenden Worte im Psalmbeginn aus; vgl. Rubr. Gen. XXI 7. 24 Vgl. oben Z. 8. 28 Auch das O bringt eine Reihe Capitula und Hymnen. — I Cor. 9, 24.

Hymnus

Ps Jam sol recedit igneus:
Tu lux perennis, Unitas,
Nostris, beata Trinitas,
Infunde lumen cordibus.
Te mane laudum carmine,
Te deprecamur vespere;
Digneris, ut te supplices
Laudemus inter caelites.
Patri, simulque Filio,
Tibique, Sancte Spiritus,
Sicut fuit, sit jugiter,
Saeclum per omne gloria. Amen.

Ps *Vers.* Vespertina oratio ascendat ad te, Domine. *R.* Et descendat super nos misericordia tua.

PT *Antiphona ad Magnificat:* Dixit Dominus.

Canticum Beatae Mariae Virginis

Magnificat † * anima mea Dominum,

Et exsultavit spiritus meus * in Deo salutari meo,

Quia respexit humilitatem ancillae suae: * ecce enim ex hoc beatam me dicent omnes generationes:

Quia fecit mihi magna, qui potens est, * et sanctum nomen ejus:

Et misericordia ejus a progenie in progenies * timentibus eum.

Fecit potentiam in brachio suo, * dispersit superbos mente cordis sui.

Deposuit potentes de sede, * et exaltavit humiles.

Esurientes implevit bonis, * et divites dimisit inanes.

Suscepit Israel, puerum suum, * recordatus misericordiae suae.

Sicut locutus est ad patres nostros, * Abraham et semini ejus in saecula.

Gloria Patri, et Filio * et Spiritui Sancto.

Sicut erat in principio, et nunc, et semper, * et in saecula saeculorum. Amen.

PT *Antiphona ad Magnificat:* Dixit Dominus * ad Adam: De ligno, quod est in medio paradisi, ne comedas: in qua hora comederis, morte morieris.

---

1 Entstanden durch Umwandlung des Hymnus *O lux beata*; Dreves, Anal. hymn. 51, 38. 17 Luc. 1, 46—55.

[*Preces feriales ut in Laudibus vide p. 23.*]

V. Dominus vobiscum. *R.* Et cum spiritu tuo.

Oremus. *Oratio diei*

Preces populi tui, quaesumus, Domine, clementer exaudi: ut, qui juste pro peccatis nostris affligimur, pro tui nominis gloria misericorditer liberemur. PT

Per Dominum nostrum Jesum Christum, Filium tuum, qui tecum vivit et regnat in unitate Spiritus Sancti Deus per omnia saecula saeculorum. *R.* Amen.

Commemoratio praecedentis

Ant. **Tu es Pastor ovium, Princeps Apostolorum, tibi traditae sunt claves regni caelorum.** PS

V. **Tu es Petrus.** *R.* **Et super hanc petram aedificabo Ecclesiam meam.**

Oremus.

Oratio: **Deus, qui beato Petro Apostolo tuo, collatis clavibus regni caelestis, ligandi atque solvendi pontificium tradidisti: concede, ut intercessionis ejus auxilio, a peccatorum nostrorum nexibus liberemur.**

Commemoratio S. Pauli Apostoli

Ant. **Sancte Paule Apostole, praedicator veritatis et Doctor Gentium, intercede pro nobis ad Deum, qui te elegit.** PS

Vers. **Tu es vas electionis, sancte Paule Apostole.** *R.* **Praedicator veritatis in universo mundo.**

Oremus.

Oratio: **Deus qui multitudinem Gentium beati Pauli Apostoli praedicatione docuisti: da nobis, quaesumus; ut, cujus commemorationem colimus, ejus apud te patrocinia sentiamus.**

Commemoratio ss. Marii etc. Martyrum

Ant. **Istorum est enim regnum caelorum, qui contempserunt** PS

---

1 Die *Preces feriales* werden in der Vesper gebetet, wenn diese zu einem Ferialofficium der Advents- oder Fastenzeit (bis Karmittwoch), des Quatembermittwochs und -freitags im September, zu einem Vigilofficium am Dienstag vor Aschermittwoch gehört (nicht aber, wenn sie I Vesper eines folgenden Festes ist!); das Direktorium notiert ihr Eintreffen. Vgl. D und Brehm, Neuerungen 138. Conspectus 52. 4 Die Oratio ist, wie stets in der Samstagsvesper, die des folgenden Sonntags. 10 Die *Comm. s. Petri* ist, unabhängig von der Hore, feststehend: vgl. Conversio s. Pauli (25. Januar R 768. V 934), Commemoratio s. Pauli (30. Juni R III 643. V 1169), ebenso wie die folgende Commemoratio S. Pauli. 29 Die Texte dieser Commemoratio gibt das PS am 19 Januar. Das Direktorium bemerkt in einer Note: *de s. Canuto* (den das PS noch erwähnt) *nihil hoc anno* (galt für 1913).

vitam mundi, et pervenerunt ad praemia regni, et laverunt stolas suas in sanguine Agni.

Vers. **Laetamini in Domino et exsultate, justi.** *R.* **Et gloriamini, omnes recti corde.**

Oremus.

Oratio: **Exaudi, Domine, populum tuum cum Sanctorum tuorum patrocinio supplicantem: ut et temporalis vitae nos tribuas pace gaudere; et aeternae reperire subsidium.**

Per Dominum nostrum Jesum Christum Filium tuum, qui tecum vivit et regnat in unitate Spiritus Sancti Deus per omnia saecula saeculorum. *R.* Amen.

[*Suffragium aut Commemoratio de Cruce vide p. 26.*]

V. Dominus vobiscum. *R.* Et cum spiritu tuo.

V. Benedicamus Domino, ¶ alleluja, alleluja. *R.* Deo gratias, ¶ alleluja, alleluja.

V. Fidelium animae per misericordiam Dei requiescant in pace. *R.* Amen.

[Pater noster . . . Amen.]

Ad Completorium

Lector incipit *V.* Jube, domne, benedicere.

Benedictio: Noctem quietam, et finem perfectum concedat nobis Dominus omnipotens. *R.* Amen.

Lectio brevis: Fratres, Sobrii estote et vigilate, quia adversarius vester diabolus tamquam leo rugiens circuit quaerens, quem devoret: cui resistite fortes in fide. Tu autem, Domine, miserere nobis. *R.* Deo gratias.

V. Adjutorium † nostrum in nomine Domini. *R.* Qui fecit caelum et terram.

Pater noster . . . Amen.

Confessio (Hebdomadarii in Choro): Confiteor etc. *vide p. 30.*

Misereatur tui (*vel* vestri *vel* nostri) *ut p. 30.*

Indulgentiam, † absolutionem etc. *vide p. 30.*

V. Converte † nos, Deus salutaris noster. *R.* Et averte iram tuam a nobis.

---

12 Das *Suffragium* der Vesper hat dieselben Regeln wie das der Laudes (vgl. S. 25, 20). 14 In der heutigen Vesper wird ein (letztes) *alleluja* hier eingefügt. Von nun an bis zur Messe des Ostersamstags schweigt das Alleluja; statt dessen *Laus tibi* etc. Vgl. S. 41, 4.
23 I Petr. 5, 8—9.

V. Deus † in adjutorium meum intende. *R.* Domine, ad adjuvandum me festina.

Gloria Patri, et Filio, et Spiritui Sancto. Sicut erat etc.

¶ Laus tibi, Domine, Rex aeternae gloriae.

Ant. **Intret oratio mea.** Ps

Psalmus 87: **Domine Deus** etc. Gloria etc.

Psalmus 102 I: **Benedic, anima** etc. Gloria etc.

Psalmus 102 II: **Quomodo miseretur** etc. Gloria etc.

Ant. **Intret oratio mea ✱ in conspectu tuo, Domine.**

Hymnus

Te lucis ante terminum
Rerum Creator, poscimus,
Ut pro tua clementia
Sis praesul et custodia.
Procul recedant somnia,
Et noctium phantasmata;
Hostemque nostrum comprime,
Ne polluantur corpora.
¶ Praesta, Pater piissime,
Patrique compar Unice,
Cum Spiritu Paraclito
Regnans per omne saeculum. Amen.

Capitulum

Tu autem in nobis es, Domine, et nomen sanctum tuum invocatum est super nos: ne derelinquas nos, Domine Deus noster. *R.* Deo gratias.

Responsorium breve: In manus tuas, Domine, ✱ commendo spiritum meum. In manus tuas, Domine, commendo spiritum meum.

V. Redemisti nos, Domine, Deus veritatis. Commendo spiritum meum. Gloria Patri, et Filio, et Spiritui Sancto. In manus tuas, Domine, commendo spiritum meum.

Vers. Custodi nos, Domine, ut pupillam oculi. *R.* Sub umbra alarum tuarum protege nos.

Ant. Salva nos.

---

4 Siehe S. 10, 5. 5 Auch das Completorium entnimmt seine Texte dem Samstagsofficium (vgl. Direktorium). 10 Dreves, Anal. hymn. 51, 42. 19 Vgl. S. 28, 1. 24 Jerem. 14, 9.

Canticum Simeonis

Nunc † dimittis servum tuum, Domine, * secundum verbum tuum in pace:

Quia viderunt oculi mei * salutare tuum.

Quod parasti * ante faciem omnium populorum:

Lumen ad revelationem gentium, * et gloriam plebis tuae Israel.

Gloria Patri etc.

Ant. Salva nos, Domine, vigilantes, custodi nos dormientes, ut vigilemus cum Christo, et requiescamus in pace.

[*Preces ut in Prima vide p. 29.*]

V. Dominus vobiscum. *R.* Et cum spiritu tuo.

Oremus.

Oratio: Visita, quaesumus, Domine, habitationem istam, et omnes insidias inimici ab ea longe repelle: Angeli tui sancti habitent in ea, qui nos in pace custodiant, et benedictio tua sit super nos semper. Per Dominum nostrum. *R.* Amen.

V. Dominus vobiscum. *R.* Et cum spiritu tuo.

V. Benedicamus Domino. *R.* Deo gratias.

Benedictio: Benedicat et custodiat nos omnipotens et misericors Dominus, † Pater, et Filius, et Spiritus sanctus. *R.* Amen.

Antiphona Mariana

¶ Alma Redemptoris Mater etc. *ut p. 26.*

Vers. ¶ Post partum, Virgo etc. *ut p. 27.*

Oremus.

Oratio: ¶ Deus qui salutis *ut p. 27.*

---

1 Luc. 2, 29—32. 11 Die Preces der Complet werden 1) knieend gebetet, wenn in der voraufgehenden Vesper *Preces feriales* waren; 2) stehend in allen *Officia de feria*, auch denen der Osterzeit, den *festis simplicibus* und *semiduplicibus*, falls nicht bei der Vesper ein *duplex* (wie heute) oder eine Oktave commemoriert (oder gefeiert) wurde, dem Officium *S. Mariae in Sabbato.* Vgl. Φ und Brehm, Neuerungen 138. Consp. 52. Das Direktorium gibt das Eintreffen oder Fehlen dieser Preces stets an (vgl. S. IV der Einleitung des Direktoriums).

24 Die Marianische Antiphon (vgl. S. 26, 17) ist beim Einzelgebet vorgeschrieben am Ende der Laudes resp. der letzten folgenden Hore und bei der Complet; im Chorgebet ausserdem stets, wenn es abgeschlossen wird.

V. Divinum auxilium maneat semper nobiscum. *R.* Amen.

Pater noster etc.

Ave Maria etc.

Credo etc.

Post divinum officium

Oratio: Sacrosanctae et individuae Trinitati, crucifixi Domini nostri Jesu Christi humanitati, beatissimae et gloriosissimae semperque Virginis Mariae fecundae integritati, et omnium Sanctorum universitati sit sempiterna laus, honor, virtus et gloria ab omni creatura, nobisque remissio omnium peccatorum, per infinita saecula saeculorum. *R.* Amen.

V. Beata viscera Mariae Virginis, quae portaverunt aeterni Patris Filium. *R.* Et beata ubera, quae lactaverunt Christum Dominum.

Pater noster etc.

Ave Maria etc.

---

6 Diese Schlussgebete werden (*laudabiliter*) stets knieend gesprochen; sie entsprechen der Einleitung *Aperi* und *Domine, in unione*, S. 9.

DAS BREVIER NACH DER REFORM PIUS' X.

Das zum Abdruck gebrachte Beispiel gibt ein bequemes Schema ab, mit dessen Hilfe der Anfänger sich in das Brevier einarbeiten kann: es gilt nun, die durch romanische Schrift hervorgehobenen „Auswechselstücke" für den jeweils vorliegenden Tag ausfindig zu machen und einzusetzen. Nach dem in der Einleitung Ausgeführten gilt die allgemeine Regel: Offizien *de tempore* entnehmen ihre Texte dem *Psalterium* und dem *Proprium de tempore*, Offizien *de sanctis* dem *Proprium* und *Commune de sanctis*. Diese Regel hatte für das alte Brevier (fast) unbeschränkte Gültigkeit. Da nun, wie ein Blick in den Kalender zeigt, die weitaus meisten Tage im Jahre Heiligenfeste sind, zu denen dann noch die Feste und Festzeiten (Oktaven) des Kirchenjahres treten, so kam das Officium *de feria* fast nie zur Erscheinung, und die Psalmen des *Comm. de sanctis* wiederholten sich übermässig oft.

Pius X hat nun durch die Bulle *Divino afflatu* vom 1. November 1911 (R 9* V ix) den entscheidenden Schritt zur Reform des Breviergebets getan. Das *Psalterium* wurde ganz neu gestaltet, auch die bisher ihm beigegebenen Rubriken und ständigen Gebetstexte herausgenommen und zum gesondert vorausgeschickten *Ordinarium* vereinigt[1], für die

---

1) Das alte Brevier kennt kein besonderes *Ordinarium*.

Zusammensetzung der Gebetstexte neue *Additiones et Variationes in Rubricis Breviarii* veröffentlicht (vgl. S. 5). Die grundlegenden neuen Vorschriften sind am 1. Januar 1913 für die ganze Kirche in Kraft getreten. Die später noch erschienenen Reformvorschriften betreffen Einzelheiten: alles ist zusammengefasst in den seit 1914/15 gedruckten neuen Ausgaben des Breviers (vgl. S. 2), deren Text seit dem 1. Januar 1915 verbindlich ist.

Die leitenden Gedanken bei der Reform waren folgende: 1) Es soll die altkirchliche Sitte wieder belebt werden, in jeder Woche den ganzen Psalter zu beten, 2) dabei soll aber das tägliche Gebetspensum nicht vermehrt werden, 3) sollen die biblischen Lektionen der Wochentage (die *scriptura occurrens*) mehr zur Geltung kommen.

Der erste Gedanke wurde zunächst dadurch verwirklicht, dass sämtliche Psalmen auf die einzelnen Horen der Wochentage und des Sonntags verteilt wurden, wobei man dem zweiten Gesichtspunkt durch Kürzung der Texte und Zerteilung langer Psalmen in mehrere als Einheiten gezählte Abschnitte (vgl. S. 28, 7—8; 33, 10—12; 34, 33—35; 37, 8—24; 41, 7—8) zur Geltung brachte. Um nun aber diese Texte auch im ausgeführten Gebet zur Benutzung zu bringen, musste dem neuen Psalter eine Einwirkung auch auf die den Hauptteil des Jahres beanspruchenden Festoffizien gestattet werden; auf dem gleichen Wege war auch die dritte Absicht zu verwirklichen. Daneben musste durch eine Änderung der Rangklassen bzw. der Occurrenzvorschriften (vgl. S. 7 und 19) namentlich das Sonntagsofficium gegen zu häufige „Simplifizierung" geschützt werden (vgl. Brehm, Neuerungen 14 ff.): die Einzelheiten brauchen den Anfänger nicht zu kümmern, da ja das Resultat klar in den Breviervorschriften (vgl. S. 7) gedruckt vorliegt. Die Einwirkung des Ferialofficiums auf das Festofficium hat nun folgende Hauptregeln entstehen lassen:

Die alte Sitte, das Festofficium nur aus *Proprium* und *Commune de sanctis* zusammenzusetzen, gilt nur noch für die *duplicia I* und *II classis*. Ferner für die Herren- und Marienfeste, die Feste der Engel, Johannes des Täufers, s. Josephs, der hll. Apostel [daher für unser Beispiel der Cathedra Petri!] und Evangelisten, d. h. in praxi: wenn im PS vor einem *duplex I, II cl.* oder *majus* die Bemerkung steht *Omnia ut in Communi* etc. (vgl. S. 6 und 8), oder wenn das PS bereits eigene Psalmen und Schriftlektionen bzw. Anweisungen über deren Auswahl bringt (z. B. beim Fest *pretiosissimi sanguinis D. n. J. C.* 1. Juli). Ebenso sind vom Wochentagsofficium nach wie vor unabhängig die im PT stehenden Feste des Herrn; ferner alle Tage der ganzen Oktav von Weihnachten, Epiphanie, Ostern, Christi Himmelfahrt, Pfingsten, Fronleichnam („privilegierte" Oktaven!), sowie die Sonntage, welche innerhalb dieser privilegierten Oktaven fallen, ferner die Vigil von Epiphanie sowie Freitag und Sonnabend (Vigil) vor Pfingsten. Auch hier besagen die Rubriken im PT alles Nötige.

Eine neue Gestalt hat das Festofficium bei allen übrigen Festen erhalten. Auch bei ihnen wird natürlich das Schema aus dem CS genommen, aber die Psalmen samt den zugehörigen Antiphonen und Nokturnversikel liefert das Ps, dem Wochentag entsprechend, für alle Horen (bei den Laudes ist stets Schema I zu nehmen). Desgleichen werden im ersten Nokturn die Lektionen *de scriptura occurrenti* und ihre Responsorien dem PT der betreffenden *feria* entlehnt. Diese Offizien sind im Brevier daran ohne weiteres kenntlich, dass die Vorbemerkung *Omnia ut in Communi* etc. fehlt und die Matutin nur für den zweiten und dritten Nokturn Lektionen bringt.

Eine Zwischenform ergeben die Festoffizien, welche eigene Antiphonen zu allen drei oder zwei der grossen Horen haben oder auch für den ersten Nokturn eigene Lektionen im PS bringen bzw. angeben. Es sind dies die Feste des 21. Januar, 5. Februar, 26. Juni, 11., 22., 23. November, 13. Dezember. Da ist genau nach den Rubriken im Text zu verfahren. Es gilt also die allgemeine Regel: Eigentümlichkeiten des PS gehen allem anderen vor. Auch ein *festum simplex* wird in der neuen Weise gefeiert; es hat aber nur einen Nokturn mit 9 Psalmen *de feria*, 2 Lektionen *de scriptura occurrenti* und einer dritten *de festo*.

Auch das *Proprium de tempore* enthält neben den grossen Festen des Kirchenjahres (vgl. S. 4) eine kleine Anzahl von Heiligenfesten (z. B. 26.—31. Dezember), deren Texte zum Teil unter Heranziehung des CS zusammengestellt werden müssen. Doch sind hier bei allen Festen die Angaben der Rubriken so eingehend, dass eine weitere Anleitung nicht erforderlich ist.

Das Sonntagsofficium setzt sich zusammen 1) aus den Texten des PT: hier stehen zum mindesten die 9 Lektionen mit ihren Responsorien für die Matutin, die Oratio des Tages sowie die Antiphonen zum Benedictus und Magnificat; 2) den Psalmen nebst Antiphonen und Versikeln aus dem Ps; 3) allen übrigen Bestandteilen aus dem O, wobei die Rubriken (*tempore Adventus* u. dgl.) genau zu beachten sind. Enthält aber das PT noch andere Bestandteile als die unter 1) genannten, so sind diese an Stelle der im Ps oder O stehenden zu nehmen: denn auch hier gilt die Regel, dass das *Proprium* stets den Vorrang hat.

Für das Officium *de feria* bietet das PT meist nur die 3 Lektionen *de scriptura occurrenti* des (einzigen!) Nokturns samt ihren Responsorien. Dazu sind zu nehmen aus dem Ps Psalmen und Antiphonen (auch die zum Benedictus und Magnificat) nebst dem Versikel der Matutin (vgl. S. 13, 18: die beiden ersten Versikel fallen weg), das übrige aus dem O, wobei ebenfalls die Rubriken genau zu beachten sind. Die *Oratio* ist die des vorhergehenden Sonntags. Gibt aber das PT noch weitere eigene Stücke für die *feria* (wie in der Quadragesima), so sind diese, wie stets, zu nehmen.

Wird ein Sonntag oder Wochentag, dessen Schriftlektionen das Initium eines biblischen Buches bringen (z. B. *Dom. V post Pentec.* oder *fer. V infra hebd. IV post Epiph.*) infolge Occurrenz mit einem ranghöheren Fest nur commemoriert, so fallen diese Schriftlektionen nicht aus, sondern werden am nächsten nicht behinderten Wochentage, d. h. sobald *lectio de scriptura occurrenti* eintritt, nachgeholt. Als Responsorien werden bei Sonntagsinitien die bei den Lektionen stehenden des betreffenden Sonntags verwendet, bei Wochentagsinitien aber die der Ferie, an der sie gelesen werden. Näheres bei Brehm, Neuerungen 33. 39 ff. Conspectus 40 ff. Rubr. Gen. XXVI 6. Add. et Var. I 4.

Eine besondere Bemerkung verdienen die Oktaven (vgl. Rubr. Gen. VII). Eine Reihe von Festen sind dadurch ausgezeichnet, dass die auf sie folgenden 7 Tage unter besonderer Betonung des letzten von ihnen gleichfalls den Charakter des betreffenden Festes in ihrem Gottesdienst zum Ausdruck bringen: eine Liste der Oktaven ist den *Duae Tabellae* (R 75* V lxxij, vgl. S. 5) beigegeben, aus der auch für den Fall der Occurrenz ihre Rangordnung ersichtlich ist. Das Officium der „privilegierten" Oktaven der 6 grossen Herrenfeste (Weihnachten, Epiphanie, Ostern, Christi Himmelfahrt, Pfingsten, Fronleichnam) ist eine Wiederholung des Festofficiums: wobei nur die zu den einzelnen Tagen *infra Octavam* bzw. zur *Octava* selbst im PT angegebenen Stücke (meist Lektionen mit ihren Responsorien) wechseln.

Die *Octavae communes* entnehmen alle Psalmen und Antiphonen, meist auch die Matutinversikel und *Lectiones de scriptura occurrenti* der *feria*, das übrige dem Fest mit Ausnahme der im PS für die einzelnen Tage besonders angemerkten Stücke (vorwiegend Lektionen mit ihren Responsorien). Übrigens ist unmittelbar hinter dem Officium eines jeden mit einer Oktave versehenen Festes (oder vor dem ersten möglichen Tage der Oktave, vgl. 27. Juni, vor 3. Juli) eine Rubrik angefügt, aus der sich die Zusammensetzung des Oktavenofficiums ersehen lässt. Die *Octavae simplices* werden nur am achten Tage begangen, entweder durch *Officium simplex* (vgl. 2. Januar Oct. s. Stephani) oder blosse Commemoration (vgl. 17. August Oct. s. Laurentii, 15. September Oct. nativ. B. M. V.). Die neuen Occurrenzbestimmungen haben die Feiern fast aller Oktaven sehr stark zurückgedrängt.

Ein ganz eigenartiges Officium haben die drei Haupttage der Karwoche: *feria V in Coena Domini*, *feria VI in Parasceve*, *Sabbatum sanctum*.

Das *Officium S. Mariae in Sabbato* (gegen Ende des CS R [205]. V 1616, vgl. Rubr. Gen. VIII. Add. et Var. I 6) findet ausserhalb der Advents-, Fasten-, Passions- und Quatemberzeit an solchen

Samstagen statt, welche von einem *duplex* oder *semiduplex*, Oktav oder Vigilie oder antecipiertem Sonntag frei sind. Es hat Rang und Charakter eines *simplex*, ist aber mit vielen Eigenheiten versehen, insbesondere hat es monatlich wechselnde dritte Lektionen seines (einzigen) Nokturnus.

Das *Officium parvum Beatae Mariae Virginis* (hinter dem vorigen im CS R [211]. V 1623) wird in seinen je nach dem Kirchenjahre wechselnden Formen in vielen Frauenorden täglich statt des Tagesofficiums des Breviers gebetet.

Das *Officium defunctorum* (ebenda R [223]. V 1631) wird zur Ergänzung des im PS am 2. Nov. verzeichneten neben dem Tagesoffizium, d. h. jeweils gleich nach den entsprechenden Horen desselben gebetet. Es besteht aus Vesper, Matutin und Laudes. Man hält es auch, unabhängig vom Tagesofficium, zum Gedächtnis Verstorbener am Tage der Beisetzung, dem 3., 7., 30. und Jahrestage oder sonst nach ortsüblicher Sitte.

Die Gradualpsalmen (Ps. 119—133) mit ihrer liturgischen Umrahmung (R [248]. V 1648) werden in manchen Orden pflichtmässig, sonst vielfach freiwillig vor der Matutin gebetet.

Die sieben Busspsalmen (Ps. 6. 31. 37. 50. 101. 129. 142) in Verbindung mit der Allerheiligenlitanei (R [250]. V 1649) werden gern an den Freitagen der Fastenzeit nach den Laudes gebetet. Vorgeschrieben sind sie bei der Weihe einer Kirche, eines Altars, eines Gottesackers, der Benediktion eines Abtes und der *expulsio* bzw. *reconciliatio poenitentium* am Aschermittwoch bzw. Gründonnerstag (vgl. Thalhofer-Eisenhofer, Liturgik II 628). Die Litanei allein wird auch bei der Prozession am Tag der *Litaniae maiores* (25. April, vgl. PS) und der *Rogationes* (Montag bis Mittwoch vor Himmelfahrt, vgl. PT) gebetet: wer an der Prozession nicht teilnimmt, muss sie privatim nach den Laudes beten (R II 603. 830. V 535. 1040). Andere für kirchliche Andachten approbierte Litaneien, nämlich die *l. de ss. Nomine Jesu*, *l. de sacratissimo Corde Jesu*, *l. Lauretanae B. M. V.*, *l. de s. Joseph* bringen die Regensburger Breviere (nicht V) in einem Anhang.

Der *Ordo commendationis animae* (R [260]. V 1657) gibt die Gebete, welche der Priester am Lager eines Sterbenden spricht, nachdem er ihn mit Weihwasser besprengt, ihm ein Kreuz gereicht und eine Kerze angezündet hat. Zuerst kommt die Allerheiligenlitanei in verkürzter Form, dann eine Reihe Gebete, unter denen besonders das *suscipe, Domine* mit den jüdisch-altchristlichen Rettungstypen um seines hohen Alters willen bemerkenswert ist. Bei längerem Todeskampf werden Ps. 117 und 118 eingelegt. Nach eingetretenem Tode folgen die Schlussgebete *Subvenite* etc. Zur Seelsorge am Sterbelager gehört auch die *Formula ad impertiendam indulgentiam plenariam in articulo mortis* (R [266]. V 1661).

Den Abschluss bilden eine Anzahl Tischgebete (R [267]. V 1662) und Gebete für die Reise (R [270]. V 1665).

Für den Brevierbeter kommt nun aber ausser dem Breviarium Romanum noch das Proprium seiner Diözese oder seines Ordens in Betracht, ein Anhang zum römischen Brevier, welcher die in der betreffenden Diözese oder Genossenschaft üblichen Sonderfeste samt den für ihre Feier bestimmten Gebetstexten als Ergänzung des 𝔓𝔖 enthält. Das Direktorium gibt ausserdem noch jeweils die nötigen Anweisungen. Auch diese Proprien sind von der Reform Pius' X stark berührt worden, vgl. Brehm, Neuerungen 97 ff. und den Prospekt des Pustetschen Verlags über Breviere. Die alten Mönchsorden (Benediktiner, Camaldulenser, Cisterzienser, Karthäuser u. a. m.) benutzen nicht das Breviarium Romanum, sondern ein besonderes Breviarium monasticum in mancherlei Variationen. Die Dominikaner haben gleichfalls ein eigenartiges Brevier. Dagegen sind die in einzelnen Diözesen noch im 19. Jahrhundert üblichen eigenen Breviere jetzt meist beseitigt: nur das ambrosianische Brevier ist in Mailand, das mozarabische in einigen Kirchen Spaniens in Gebrauch geblieben.

INHALT

Frommannsche Buchdruckerei (Hermann Pohle) in Jena. 4617

Weitere Besprechungen umstehend.

11 APOCRYPHA III: Agrapha, slavische Josephusstücke, Oxyrhynchusfr. 1911 hrsg. v. E. Klostermann. 2. Aufl. 26 S. 0.50 M.
12 APOCRYPHA IV: Die apokryphen briefe des Paulus an die Laodicener und Korinther, hrsg. v. A. Harnack. 2. Aufl. 23 S. 0.60 M.
13 AUSGEWÄHLTE PREDIGTEN II: Fünf festpredigten Augustins in gereimter prosa, hrsg. v. H. Lietzmann. 16 S. 0.30 M.
14 GRIECHISCHE PAPYRI hrsg. v. H. Lietzmann. 2. Aufl. 32 S. 0.80 M.
15/16 DER PROPHET AMOS, Hebräisch und Griechisch, hrsg. v. J. Meinhold und H. Lietzmann. 32 S. 1.00 M.
17/18 SYMBOLE DER ALTEN KIRCHE, ausgewählt von H. Lietzmann. 2. Aufl. 40 S. 1.— M.
19 LITURGISCHE TEXTE II: Ordo missae secundum missale romanum, hrsg. v. H. Lietzmann. 2. Aufl. 32 S. 0.40 M.
20 ANTIKE FLUCHTAFELN hrsg. v. R. Wünsch. 2. Aufl. 31 S. 0.70 M.
21 DIE WITTENBERGER U. LEISNIGER KASTENORDNUNG 1522, 1523, hrsg. v. H. Lietzmann. 24 S. 0.60 M.
22/23 JÜDISCH-ARAMÄISCHE PAPYRI AUS ELEPHANTINE sprachlich und sachlich erklärt v. W. Staerk. 2. Aufl. 38 S. 1.30 M.
24/25 LUTHERS geistliche Lieder, hrsg. v. A. Leitzmann. 31 S. 0.60 M.
26/28 LATEINISCHE CHRISTLICHE INSCHRIFTEN mit einem anhang jüdischer inschriften, ausgew. u. erkl. v. E. Diehl. 2 Aufl. 86 S. 2.20 M.
29/30 RES GESTAE DIVI AVGVSTI, hrsg. u. erkl. v. E. Diehl. 2. Aufl. 40 S. 1.20 M.
31 ZWEI NEUE EVANGELIENFRAGMENTE hrsg. u. erkl. v. H. B. Swete. [15 S. 0.40 M.
32 ARAMÄISCHE URKUNDEN z. gesch. d. Judentums im VI u. V jahrh. vor Chr. sprachl. u. sachl. erkl. v. W. Staerk. 16 S. 0.60 M.
33/34 SUPPLEMENTUM LYRICUM (Archilochus Alcaeus Sappho Corinna Pindar) hrsg. v. E. Diehl. 2. Aufl. 44 S. 1.20 M.
35 LITURGISCHE TEXTE III: Die konstantinopolitanische messliturgie vor dem IX. jahrhundert v. A. Baumstark. 16 S. 0.40 M.
36 LITURGISCHE TEXTE IV: Martin Luthers Von ordnung gottesdiensts. Taufbüchlein, Formula missae et communionis 1523 hrsg. v. H. Lietzmann. 24 S. 0.60 M.
37 LITURGISCHE TEXTE V: Martin Luthers Deutsche Messe 1526 hrsg. v. H. Lietzmann. 16 S. 0.40 M.
38/40 ALTLATEINISCHE INSCHRIFTEN hrsg. v. E. Diehl. 2. Aufl. 92 S 2.40 M., gbd. 2.80 M.
41/43 FASTI CONSULARES IMPERII ROMANI (30 v. Chr. – 565 n. Chr.) mit Kaiserliste bearb. v. W. Liebenam. 128 S. 3 M., gbd. 3.40 M.
44/46 MENANDRI reliquiae nuper repertae hrsg. v. S. Sudhaus. 2. Aufl. 103 S 2.00 M., gbd. 2.40 M.
47/49 LATEINISCHE ALTKIRCHLICHE POESIE ausgewählt v. H. Lietz- [mann. 64 S. 1.50 M.
50/51 URKUNDEN ZUR GESCHICHTE DES BAUERNKRIEGES UND DER WIEDERTÄUFER hrsg. v. H. Böhmer. 36 S. 0.80 M.
52/53 FRÜHBYZANTINISCHE KIRCHENPOESIE I: Anonyme hymnen des V.—VI. jahrhunderts ediert v. Dr. Paul Maas. 32 S. 0.80 M.
54 KLEINERE GEISTLICHE GEDICHTE DES XII JAHRHUNDERTS hrsg. v. A. Leitzmann. 30 S. 0.80 M.
55 MEISTER ECKHARTS BUCH D. GÖTTLICHEN TRÖSTUNG U. VON DEM EDLEN MENSCHEN hrsg. v. Ph. Strauch. 51 S. 1.20 M.
56 POMPEIANISCHE WANDINSCHRIFTEN hrsg. v. E. Diehl. 60 S 1.80 M.

57 ALTITALISCHE INSCHRIFTEN hrsg. v. H. Jacobsohn. 32 S. 0.80 M.
58 ALTJÜDISCHE LITURG. GEBETE hrsg. v. W. Staerk. 32 S. 1.00 M.
59 DER MIŠNATRAKTAT BERAKHOTH IN VOKALISIERTEM TEXT herausg. v. W. Staerk. 16 S. 0.60 M.
60 EDWARD YOUNGS GEDANKEN ÜBER DIE ORIGINALWERKE übersetzt von H. E. v. Teubern hrsg. v. K. Jahn. 46 S. 1.20 M.
61 LITURGISCHE TEXTE VI: Die Klement. liturgie a. d. Const. apost. VIII mit anhängen hrsg. v. H. Lietzmann. 32 S. 0.80 M.
62 VULGÄRLATEIN. INSCHRIFTEN hrsg. v. E. Diehl. 180 S. 4.50 M., gbd. 5 M.
63 GOETHES ERSTE WEIMARER GEDICHTSAMMLUNG mit varianten hrsg. v. A. Leitzmann. 35 S. 0.80 M., gbd. 1.20 M.
64 DIE ODEN SALOMOS aus dem syrischen übersetzt mit anmerkungen von A. Ungnad und W. Staerk. 40 S. 0.80 M.
65 AUS DER ANTIKEN SCHULE. Griechische texte auf papyrus holztafeln ostraka ausgew. u. erklärt v. E. Ziebarth. 2. Aufl. 33 S. 0.80 M.
66 ARISTOPHANES Frösche mit ausgewählten antiken scholien herausgeg. v. W. Süss. 90 S. 2 M., geb. 2.40 M.
67 DIETRICH SCHERNBERGS Spiel von Frau Jutten hrsg. v. E. Schröder. [56 S. 1.20 M.
68 LATEINISCHE SACRALINSCHRIFTEN ausg. v. F. Richter. 45 S. 0.90 M.
69 POETARVM VETERVM ROMANORVM reliquiae selegit E. Diehl. 165 S. 2.50 M., geb. 3.— M.
70 LITURGISCHE TEXTE VII: Die Preussische Agende im auszug hrsg. v. H. Lietzmann. 42 S. 0.80 M., geb. 1.— M.
71 CICERO PRO MILONE mit dem commentar des ASCONIVS und den SCHOLIA BOBIENSIA hrsg. v. P. Wessner. 1.60 M., geb. 2.— M.
72 DIE VITAE VERGILIANAE hrsg. v. E. Diehl. 60 S. 1.50 M.
73 DIE QUELLEN VON SCHILLERS UND GOETHES BALLADEN zusammengestellt v. A. Leitzmann. 51 S. 3 Abb. 1.20 M., geb. 1.50 M.
74 ANDREAS KARLSTADT VON ABTUHUNG DER BILDER und das keyn bedtler vnther den christen seyn sollen 1522 und die Wittenberger beutelordnung hrsg. v. H. Lietzmann. 32 S. 0.80 M.
75 LITURGISCHE TEXTE VIII: Die Sächsische Agende im auszug hrsg. v. H. Lietzmann. 36 S. 0.80 M., geb. 1.— M.
76 AUSWAHL AUS ABRAHAM A S. CLARA hrsg. v. K. Bertsche. 47 S. 1.— M.
77 HIPPOCRATIS de aere aquis locis mit der alten lateinischen übersetzung hrsg. v. G. Gundermann. 50 S. 1.20 M.
78 RABBINISCHE WUNDERGESCHICHTEN des neutestamentlichen zeitalters in vokal. text mit anmerkungen v. P. Fiebig. 28 S. 1.— M.
79 ANTIKE WUNDERGESCHICHTEN zum studium der wunder des Neuen Testaments zusammengestellt v. P. Fiebig. 27 S. 0.80 M.
80 VERGIL AENEIS II mit dem commentar des Servius herausgeg. von E. Diehl. 131 S. 2.— M., geb. 2.50 M. [geb. 1.80 M.
81 ANTI-XENIEN in auswahl hrsg. v. W. Stammler. 68 S. 1.40 M.
82 APOLLONIUS DYSCOLUS De pronominibus pars generalis edidit Dr. Paulus Maas. 44 S. 1.— M.
83 ORIGENES, EUSTATHIUS V. ANTIOCHIEN, GREGOR V. NYSSA über die Hexe von Endor hrsg. v. Erich Klostermann. 70 S. 1.60 M.
84 AUS EINEM GRIECHISCHEN ZAUBERPAPYRUS herausgeg. und erklärt von Richard Wünsch. 31 S. 0.70 M.
85 DIE GELTENDEN PAPSTWAHLGESETZE hrsg. v. F. Giese. 56 S. 1.20 M.

86 ALTE EINBLATTDRUCKE hrsg. v. Otto Clemen. 77 S. 1.50 M.
87 UNTERRICHT DER VISITATOREN an die pfarrherrn im kurfürstentum zu Sachsen hrsg. v. H. Lietzmann. 48 S. 1.— M.
88 BUGENHAGENS BRAUNSCHWEIGER KIRCHENORDNUNG hrsg. von H. Lietzmann. 152 S. 2.40 M.
89 EURIPIDES MEDEA mit scholien herausg. von Ernst Diehl. 116 S.
90 DIE QUELLEN VON SCHILLERS WILHELM TELL zusammengestellt v. Albert Leitzmann. 47 S. 1.20 M., geb. 1.50 M.
91 SCHOLASTISCHE TEXTE I: Zum Gottesbeweis d. Thomas v. Aquin zusammengestellt v. E. Krebs. 64 S. 1.50 M.
92 MITTELHOCHDEUTSCHE NOVELLEN I: Die heidin hrsg. v. L. Pfannmüller. 51 S. 1.20 M. [71 S. 1.50 M., geb. 1.80 M.
93 SCHILLERS ANTHOLOGIE-GEDICHTE kritisch hrsg. v. W. Stammler.
94 ALTE UND NEUE ARAMÄISCHE PAPYRI übersetzt und erklärt von W. Staerk. 73 S. 2.— M.
95 MITTELHOCHDEUTSCHE NOVELLEN II: Rittertreue. Schlegel hrsg. v. L. Pfannmüller. 63 S. 1.50 M. [64 S. 1.60 M.
96 DER FRANCKFORTER („eyn deutsch theologia") hrsg. v. W. Uhl. 64 S. 1.60 M.
97 DIODORS RÖMISCHE ANNALEN bis 302 a. Chr. samt dem Ineditum Vaticanum hrsg. v. A. B. Drachmann. 72 S. 1.80 M.
98 MUSAIOS, HERO U. LEANDROS m. ausgew. varianten u. scholien hrsg. v. A. Ludwich. 54 S. 1.50 M.
99 AUTHENTISCHE BERICHTE über Luthers letzte lebensstunden herausgegeben von Dr. J. Strieder. 42 S. 1.20 M.
100 GOETHES RÖMISCHE ELEGIEN nach der ältesten reinschrift hrsg. v. A. Leitzmann. 56 S. Brosch. 1.30 M., geb. 1.70 M.
101 FRÜHNEUHOCHDEUTSCHES GLOSSAR von Alfred Götze. VIII u. 136 S. 3.40 M., geb. 3.80 M.
102 DIE GENERALSYNODAL-ORDNUNG hrsg. v. A. Uckeley. 20 S. 0.50 M.
103 DIE KIRCHENGEMEINDE- UND SYNODALORDNUNG f. d. provinzen Preußen, Brandenburg, Pommern, Posen, Schlesien u. Sachsen hrsg. v. A. Uckeley. 36 S. 0.90 M.
104 DIE RHEINISCH-WESTFÄL. KIRCHENORDNUNG hrsg. v. A. Uckeley. 64 S. 1.50 M.
105 MYSTISCHE TEXTE AUS DEM ISLAM. Drei gedichte des Arabi 1240. Aus d. Arab. übers. u. erläutert v. M. Horten. 18 S. 0.50 M.
106 DAS NIEDERDEUTSCHE NEUE TESTAMENT nach Emsers übersetzung. Rostock 1530 hrsg. v. E. Weissbrodt. 32 S. 0.80 M.
107 HERDERS SHAKESPEARE-AUFSATZ in dreifacher gestalt mit anm. hrsg. v. F. Zinkernagel. 41 S. 1.— M.
108 KONSTANTINS KREUZESVISION in ausgew. texten vorgelegt v. J. B. Aufhauser. 26 S. 0.60 M.
109 LUTHERS KLEINER KATECHISMUS, der deutsche text in seiner geschichtlichen entwicklung v. J. Meyer. 32 S. 0.80 M.
110 HISTORISCHE ATTISCHE INSCHRIFTEN ausgewählt u. erklärt von E. Nachmanson. 82 S. 2.20 M.
111 AUSGEWÄHLTE ILIASSCHOLIEN hrsg. v. W. Deecke. 88 S. 2.40 M.
112 SUPPLEMENTUM EURIPIDEUM hrsg. v. H. v. Arnim. (die neuen Euripidesfunde) 80 S. 2.— M.
113 SVPPLEMENTVM SOPHOCLEVM hrsg. v. E. Diehl. (Indagatores. Eurypylus), 33 S. 0.90 M.

Kolibri 360 GmbH
Ferdinand-Jühlke-Straße 7
99095 Erfurt, Deutschland
produktsicherheit@kolibri360.de